RECHERCHES

SUR

LA CHALEUR SPÉCIFIQUE

DES

CORPS SIMPLES ET COMPOSÉS.

IMPRIMERIE DE BACHELIER,
rue du Jardinet, n° 12.

RECHERCHES

SUR LA

CHALEUR SPÉCIFIQUE

DES

CORPS SIMPLES ET COMPOSÉS,

PAR

VICTOR REGNAULT.

(Extrait des *Annales de Chimie et de Physique*, t. LXXIII.)

PARIS,

BACHELIER, IMPRIMEUR-LIBRAIRE

De l'École Polytechnique, du Bureau des Longitudes, etc.,

QUAI DES AUGUSTINS, N° 55.

1840

RECHERCHES

SUR

LA CHALEUR SPÉCIFIQUE

DES

CORPS SIMPLES ET COMPOSÉS.

PREMIER MÉMOIRE,

Lu à l'Académie des Sciences, le 13 avril 1840.

Un grand nombre de physiciens se sont occupés de la détermination de la chaleur spécifique des corps, et cependant nos connaissances sur cet objet laissent encore beaucoup à désirer. Les principaux travaux qui ont été publiés sur cette matière sont ceux de Wilke, de Crawford, de Gadolin, de Dalton, de Meyer, de Lavoisier et Laplace, de Dulong et Petit, de Delaroche et Bérard, et enfin, dans ces dernières années, les travaux de MM. Neumann et Avogadro. Mais c'est seulement à partir des belles recherches de Dulong et Petit, que la capacité des corps pour la chaleur a été déterminée avec quelque précision, et que l'on a su écarter dans ces recherches délicates les principales causes d'erreur qui peuvent en troubler les résultats. Les expériences qui ont précédé celles de ces illustres physiciens ne peuvent inspirer aucune confiance; car à côté de quelques nombres différant peu des nombres véritables, il s'en trouve une foule d'autres qui sont deux ou trois fois trop forts. Il faut en excepter cependant quelques expériences de Lavoisier et Laplace, qui paraissent avoir été faites avec beaucoup de soin, et s'éloignent peu de la vérité.

Dulong et Petit se sont occupés de la chaleur spécifique des corps dans deux circonstances différentes. Dans leur grand travail sur les lois du refroidissement, publié dans le *Journal de l'École Polytechnique,* tome XI, ils ont donné les chaleurs spécifiques de quelques substances qu'ils ont déterminées par la méthode des mélanges entre des limites de température très étendues de 0° à 350°, et ils ont fait voir que la capacité des corps pour la chaleur, de même que leur dilatabilité, va en augmentant avec la température.

Les nombres trouvés par ces habiles physiciens sont les suivants :

	Capacité moyenne entre 0 et 100°.	Capacité moyenne entre 0 et 300°.
Fer..............	0,1098	0,1218
Mercure..........	0,0330	0,0350
Zinc..............	0,0927	0,1015
Antimoine........	0,0507	0,0549
Argent...........	0,0557	0,0611
Cuivre...........	0,0949	0,1013
Platine...........	0,0335	0,0355
Verre.............	0,177	0,190

Quelques années plus tard, dans un Mémoire publié dans les *Annales de Physique et de Chimie*, tome X, Dulong et Petit sont revenus sur la chaleur spécifique des corps. Ils ont déterminé par un nouveau procédé, celui connu sous le nom de *méthode du refroidissement*, et dont le principe avait été donné par Meyer, la chaleur spécifique d'un certain nombre de corps simples, et en comparant ces chaleurs spécifiques aux poids atomiques correspondants, ils ont cru pouvoir établir cette loi extrêmement remarquable :

Les atomes de tous les corps simples ont exactement la même capacité pour la chaleur.

Je citerai ici le tableau des expériences sur lesquelles Dulong et Petit ont fondé leur loi :

	Chaleurs spécifiques.	Poids atomiques.	Produit du poids de chaque atome par la capacité correspondante.
Bismuth....	0,0288	1330	38,30
Plomb.....	0,0293	1295	37,94
Or.........	0,0298	1243	37,04
Platine.....	0,0314	1116	37,40
Étain......	0,0514	735	37,79
Argent.....	0,0557	675	37,59
Zinc.......	0,0927	403	37,36
Tellure.....	0,0912	403	36,75
Cuivre.....	0,0949	395,7	37,55
Nickel......	0,1035	369	38,19
Fer........	0,1100	339,2	37,31
Cobalt.....	0,1498	246	36,85
Soufre.....	0,1880	201,1	37,80

La troisième colonne du tableau renferme le produit

du poids de chaque atome par la chaleur spécifique correspondante; ce produit doit rester constant, si la loi énoncée est exacte. On voit en effet que les nombres contenus dans la troisième colonne diffèrent assez peu les uns des autres, pour que l'on puisse attribuer les petites variations qu'ils présentent, aux erreurs inévitables des expériences. La loi de Dulong et Petit paraissait donc bien établie, elle donnait à la considération de la chaleur spécifique des corps une importance inattendue, et la plaçait parmi les points les plus remarquables de la physique générale. Cependant les anomalies n'ont pas tardé à se présenter. En effet, à l'époque où Dulong et Petit ont publié leur travail, les poids atomiques de tous les corps simples n'étaient pas encore fixés d'une manière bien certaine; on avait souvent à choisir pour le même corps simple entre plusieurs nombres à peu près également probables, et Dulong et Petit ont naturellement donné la préférence au poids atomique qui s'accordait le mieux avec leur loi.

Les mêmes incertitudes n'existent plus aujourd'hui. Les belles découvertes de M. Mitscherlich sur l'isomorphisme, nous ont donné de nouveaux moyens pour nous guider dans le choix des poids atomiques des corps simples, et les expériences si précises de M. Berzélius ont fixé leur valeur numérique, de manière à laisser peu de doute dans l'esprit des chimistes.

Or, si l'on remplace les poids atomiques adoptés par Dulong et Petit, par ceux qui sont généralement admis maintenant, on reconnaît que leur loi est loin de se vérifier d'une manière aussi satisfaisante. On peut s'en convaincre en jetant les yeux sur le tableau suivant dans lequel on a adopté les poids atomiques de M. Berzélius :

Bismuth..........	0,0288	887	25,53
Plomb............	0,0293	1295	37,94
Or..............	0,0298	1243	37,04
Platine...........	0,0314	1233	38,72
Étain.............	0,0514	735	37,99
Argent...........	0,0557	1351	75,18
Zinc.............	0,0927	403	37,36
Tellure...........	0,0912	806	73,50
Cuivre............	0,0949	395,7	37,55
Nickel............	0,1035	369	38,19
Fer..............	0,1100	339,2	37,31
Cobalt............	0,1498	369	55,28
Soufre............	0,1880	201,1	37,80

En adoptant les nouveaux poids atomiques, la chaleur spécifique du bismuth est trop faible d'un tiers pour suivre la loi des atomes, la chaleur spécifique de l'argent et celle du tellure sont deux fois trop grandes; la chaleur spécifique du cobalt est trop forte environ du tiers; enfin le platine s'écarte également du nombre théorique; la divergence serait même beaucoup plus grande pour ce dernier métal, si l'on voulait adopter le nombre 0,0335, que Dulong et Petit ont donné dans leur premier travail pour la chaleur spécifique de ce corps. Le produit de la chaleur spécifique par le poids atomique est alors 41,30.

Dans leurs premières recherches, Dulong et Petit ont trouvé pour la chaleur spécifique de l'antimoine, le nombre 0,0507, qui ne va pas non plus avec la loi des atomes; car le produit de ce nombre par le poids atomique est 40,94. Enfin, d'après M. Berzélius, la chaleur spécifique de l'arsenic trouvée par ces deux physiciens, mais qui n'a pas été publiée, serait également en contradiction avec la loi générale.

On voit d'après cela que le nombre des corps simples dont les chaleurs spécifiques déterminées par Dulong et Petit ne satisfont pas à la loi des atomes, est au moins aussi grand que celui des substances simples qui y sont conformes, et que de nouvelles expériences sont devenues tout-à-fait nécessaires pour fixer les idées sur ce point important de la science.

Depuis le dernier travail de Dulong et Petit, deux physiciens distingués, M. Neumann de Königsberg, et M. Avogadro, ont fait des recherches sur les chaleurs spécifiques des corps; mais ils ont admis la loi de Dulong et Petit comme démontrée pour les substances simples, et ils ont cherché seulement à établir une loi analogue pour les corps composés. M. Avogadro cependant a déterminé le calorique spécifique de quelques corps simples qui n'avaient pas été examinés par Dulong et Petit, notamment celui de l'iode, du carbone, du phosphore et de l'arsenic; malheureusement la manière dont M. Avogadro a employé la méthode des mélanges ne peut pas inspirer grande confiance dans ses résultats numériques : on peut s'en convaincre par l'expérience que ce physicien cite sur la détermination de la chaleur spécifique de l'eau. Cette expérience, qui avait été entreprise pour contrôler la méthode, a donné pour la capacité de l'eau, 0,888, au lieu de 1,000. La différence (*) est très grande : M. Avogadro admet

(1) L'expérience aurait donné un nombre encore bien plus faible, si M. Avogadro ne lui faisait pas déjà subir une première correction, en admettant que le corps chauffé dans de l'eau bouillante ne possède plus que 95° au moment de son immersion dans l'eau froide destinée à recueillir la chaleur abandonnée.

qu'elle tient à des causes d'erreurs constantes dans son procédé pour toutes les substances, et afin d'en tenir compte, il calcule la chaleur spécifique des autres substances d'après ses observations, en posant la chaleur spécifique de l'eau égale à 0,888, au lieu de 1,000. Cette supposition est tout-à-fait inadmissible : les erreurs doivent varier avec la conductibilité des substances.

Je ne discuterai pas ici les résultats obtenus par MM. Neumann et Avogadro pour la capacité calorifique des corps composés, ni les lois qu'ils ont cherché à établir; cette discussion trouvera naturellement sa place dans un prochain Mémoire, où je donnerai les expériences que j'ai faites sur la chaleur spécifique des corps composés. Le travail que j'ai l'honneur de présenter aujourd'hui à l'Académie, ne traite que de la chaleur spécifique des corps simples.

Mais avant d'entrer dans le détail de mes expériences, je ferai quelques remarques sur les divers procédés suivis jusque ici pour la détermination du calorique spécifique des corps.

On connaît trois méthodes générales pour déterminer la capacité des corps pour la chaleur :

1°. La méthode par fusion de la glace ou du calorimètre;

2°. La méthode des mélanges;

3°. La méthode du refroidissement.

La méthode par fusion de la glace peut donner des résultats exacts, mais l'emploi en sera toujours très borné, parce qu'elle s'applique difficilement à des corps de forme quelconque; cette méthode ne peut d'ailleurs être pratiquée avec quelque sûreté que lorsque la température extérieure est très peu différente de 0°.

La méthode du refroidissement, telle qu'elle a été perfectionnée par Dulong et Petit, n'exige l'emploi que d'une très petite quantité de matière; la substance est toujours pulvérulente ou liquide, et tous les corps peuvent être obtenus facilement sous l'un ou sous l'autre de ces deux états. Malheureusement la méthode du refroidissement repose sur plusieurs hypothèses qui sont loin d'être démontrées. On sait qu'elle consiste à placer la substance en poudre fine dans un petit vase cylindrique très mince, en argent, et à surface extérieure bien polie; l'axe de ce petit cylindre est occupé par le réservoir d'un thermomètre extrêmement sensible et dont la masse doit être très petite. La substance est fortement tassée dans le vase d'argent, puis on recouvre celui-ci d'un petit couvercle en argent poli percé au centre, pour laisser passer la tige du thermomètre. Le petit vase est ensuite chauffé à 30 ou 40°, puis transporté dans une enceinte que l'on maintient à 0° par de la glace, et dans laquelle on fait le vide avec la machine pneumatique. Dans les expériences de Dulong et Petit, l'enceinte se composait d'un vase cylindrique en métal, dont la surface intérieure était recouverte de noir de fumée pour rendre son pouvoir absorbant maximum. On observait le refroidissement du thermomètre, et l'on notait exactement sur un chronomètre le temps que ce thermomètre mettait à descendre d'une différence constante de température, de 10 à 5°. Cette seule observation suffit pour donner le rapport entre la chaleur spécifique de deux substances remplissant le vase d'argent, lorsque le poids de ces substances est connu. En effet, les différences de température de la matière et de l'enceinte étant très petites au moment où l'on commence l'observation du refroidissement, on peut admettre la loi de Newton, comme rigoureuse et par suite poser entre les excès de température θ et le temps t, la relation

$$-\frac{d\theta}{dt}=m\theta, \quad \text{d'où} \quad \log\theta = mt + \text{const.}$$

Dans l'expérience en question on a, à l'origine du temps, $\theta = 10^\circ$, par suite $-\log 10 = \text{const.}$;

$$\text{d'où} \qquad \log 10 - \log\theta = mt, \quad m = \frac{\log 10 - \log\theta}{t}.$$

On a noté le temps t que le vase a mis pour passer de $\theta = 10^\circ$ à $\theta = 5^\circ$; pour cette seconde limite on a donc

$$m = \frac{\log 2}{t}.$$

Mais on peut avoir une autre valeur du coefficient m.

En effet, toutes les substances ayant la même enveloppe, possèdent le même pouvoir émissif; le coefficient m, ou la fraction de degré que le corps perdrait dans l'unité de temps pour une différence de température de 1°, ne peut plus dépendre que de l'étendue s de la surface rayonnante, du pouvoir émissif e de cette surface, qui reste le même dans toutes les expériences, enfin de la masse M de la substance qui remplit le petit vase, et de sa chaleur spécifique c. De sorte que l'on doit avoir nécessairement

$$m = \frac{se}{Mc};$$

égalant cette valeur de m avec la première, on a

$$\frac{se}{Mc} = \frac{\log 2}{t}, \quad \text{d'où} \quad Mc = \frac{set}{\log 2}.$$

Pour une autre substance remplissant le vase, dont la masse serait M' et la chaleur spécifique c', on aurait pareillement

$$M'c' = \frac{set'}{\log 2},$$

par suite,

$$\frac{M'c'}{Mc} = \frac{t'}{t}.$$

Cette expression très simple donne le rapport entre les chaleurs spécifiques des deux substances.

Dans la réalité, on ne peut pas négliger l'influence dans le refroidissement du petit vase d'argent et du réservoir du thermomètre ; on en tient compte en la déterminant une fois pour toutes dans des expériences préliminaires, et l'admettant ensuite comme constante dans toutes les autres. Pour cela on fait deux observations sur deux substances dont les chaleurs spécifiques sont bien connues, sur le cuivre et l'argent, par exemple ; on a alors, en désignant par k la quantité de chaleur abandonnée dans chaque expérience pendant le refroidissement par le réservoir du thermomètre et par le petit vase enveloppe,

$$\frac{M'c' + k}{Mc + k} = \frac{t'}{t}.$$

Cette équation donnera k, que l'on introduira maintenant de la même manière dans toutes les relations.

Les équations qui précèdent supposent :

1°. Que pendant le refroidissement, toutes les parties de la matière qui remplit le vase restent constamment à la même température, ce qui est difficile à admettre quand on fait attention à la très mauvaise conductibilité des matières pulvérulentes ; elles supposent au moins que pendant le temps dans lequel le réservoir du thermomètre indique un refroidissement de 5°, toutes les parties de la matière se sont refroidies de la même quantité ;

2°. Que la tige du thermomètre qui occupe l'axe du cylindre laissera écouler dans toutes les expériences la même quantité de chaleur par sa conductibilité intérieure. L'erreur qui peut résulter de cette cause, pendant un refroidissement aussi lent que celui que l'on obtient dans ces expériences, peut bien ne pas être négligeable.

3°. Il faut admettre que la chaleur passe toujours avec une égale facilité des dernières particules de la substance dans la paroi en contact, quelle que soit la nature de la substance. Or, cette égalité de conductibilité extérieure par contact est loin d'être démontrée : il est assez probable que chaque substance a un coefficient particulier. Cette égalité de conductibilité par contact n'a évidemment pas lieu pour deux liquides dont l'un mouille la paroi et dont l'autre ne la mouille pas.

4°. Le pouvoir émissif du petit vase doit rester constant pendant toute la durée des expériences. Cette condition ne peut pas être remplie d'une manière rigoureuse ; mais il est facile d'évaluer la correction qui résulterait de l'altération de la surface rayonnante, en faisant de temps à autre une observation sur une même substance.

5°. Enfin, le pouvoir absorbant de l'enceinte doit rester le même pendant toute la durée des expériences. On a cru satisfaire complétement à cette condition en rendant le pouvoir absorbant de l'enceinte maximum, c'est-à-dire en recouvrant la surface intérieure d'une couche de noir de fumée ; nous verrons tout-à-l'heure si le but a été atteint par-là.

La détermination de la chaleur spécifique des corps par la méthode du refroidissement est donc sujette à une foule d'influences étrangères dont il est difficile d'apprécier la valeur dans l'état actuel de nos connaissances, et il ne sera permis de l'employer que quand il aura été bien démontré que les chaleurs spécifiques d'un grand nombre de substances, déterminées par cette méthode, suivent toujours exactement les mêmes rapports que ceux qu'on trouve entre les chaleurs spécifiques de ces mêmes substances, quand on les détermine par un procédé qui ne présente pas les mêmes causes d'incertitude. Il sera démontré ainsi, que les causes d'erreur que je viens de signaler ont, sinon une influence nulle, au moins une influence résultante trop faible pour altérer les nombres d'une manière sensible.

J'ai donc regardé comme tout-à-fait indispensable, avant d'employer la méthode du refroidissement, de soumettre cette méthode à une série d'épreuves expérimentales.

L'appareil que j'ai d'abord employé pour cela a été construit exactement sur le modèle de celui de Dulong et Petit. J'ai fait usage de petits vases d'argent de différentes dimensions, afin de pouvoir apprécier, au moins approximativement, l'influence de la différence de conductibilité. Ces petits vases, extrêmement minces, avaient tous 26^{mm} de hauteur et un diamètre variable de 25^{mm} à 10^{mm}; le réservoir du petit thermomètre placé dans l'axe avait 15^{mm} de longueur et 2^{mm} seulement de diamètre; et, malgré ces petites dimensions, le thermomètre était encore tellement sensible, que 1 degré centigrade occupait une longueur de plus de 1 centimètre sur la tige. Le calibre du tube était si fin, que l'on apercevait à peine le filet de mercure à l'œil nu. On l'observait à distance avec une lunette d'un pouvoir grossissant assez considérable et à axe horizontal. Le vide était fait au moyen d'une très bonne machine pneumatique qui pouvait épuiser l'air à moins de 1^{mm}.

Les expériences ont été commencées en observant exactement les précautions indiquées par Dulong et Petit. La première chose dont il fallait nécessairement s'assurer était si les temps du refroidissement du petit vase restaient parfaitement constants dans des expériences consécutives, lorsque l'on ne changeait d'ailleurs absolument rien à la disposition de l'appareil. Cette constance est loin de s'observer; on peut en juger par la grande divergence que présentent les résultats suivants obtenus dans des circonstances qui paraissaient identiques.

Un petit vase chargé de limaille de fer s'est refroidi de 10° à 5° dans les temps suivants :

1re *Expérience.*	Temps du refroidissement.	45′34″;
	Pression du manomètre...	4^{mm}.
2me *Expérience.*	Temps du refroidissement.	43′40″;
	Pression du manomètre...	4^{mm}.
3me *Expérience.*	Temps du refroidissement.	44′31″;
	Pression du manomètre...	4^{mm}.
4me *Expérience.*	Temps du refroidissement.	42′48″;
	Pression du manomètre...	3^{mm}.
5me *Expérience.*	Temps du refroidissement.	42′45″;
	Pression du manomètre...	3^{mm}.

On voit que le temps du refroidissement a varié d'une manière très notable. J'ai fait plusieurs séries d'expériences analogues, et j'ai toujours trouvé des inégalités du même ordre; pendant longtemps je n'ai pu deviner ce qui causait ces différences. Une observation me mit sur la voie. Je reconnus que la machine, qui faisait en très peu de temps le vide à moins d'un millimètre, quand elle ne communiquait qu'avec son récipient, amenait difficilement la pression au-dessous de 3^{mm} quand elle était en communication avec le vase enveloppé de glace, dans lequel on observait le refroidissement. Cela tient à ce que le noir de fumée, dont l'enceinte est recouverte, est une substance extrêmement hygrométrique. L'humidité se fixe sur la surface refroidie et ne se dégage plus que très difficilement et d'une manière incomplète quand on fait le vide. Le noir de fumée ayant un pouvoir absorbant très considérable, on conçoit que ce pouvoir doit changer d'une manière sensible par l'application d'une couche même infiniment mince d'humidité dont le pouvoir absorbant est beaucoup moindre.

J'espérais éviter complétement cette cause d'erreur en ne faisant arriver dans le vase que de l'air qui avait séjourné pendant quelque temps avec de la chaux, et en épuisant cet air à plusieurs reprises avec la machine pneumatique. J'ai obtenu en effet ainsi des résultats beaucoup plus concordants; mais cependant ils ont encore présenté des variations trop grandes pour que je pusse m'en tenir à cette première amélioration (1). Je ne suis parvenu à avoir des expériences sensiblement concordantes qu'en remplaçant la surface à noir de fumée, ayant un pouvoir absorbant maximum, par une surface dont le pouvoir absorbant était beaucoup plus faible, et en maintenant la température de l'enceinte, non plus à 0°, mais à 1 degré environ au-dessus de la température de l'air extérieur.

Je ne décrirai pas aujourd'hui l'appareil auquel je me

---

(1) Il est facile de s'assurer que la présence de l'humidité dans l'enceinte a une grande influence dans les variations du temps du refroidissement. Il suffit pour cela de renouveler l'air plusieurs fois de suite dans le vase, sans le dessécher préalablement, et de faire ensuite des observations. Le temps du refroidissement peut varier du simple au double, comme je m'en suis assuré par l'expérience.

suis arrêté : le peu que je viens de dire sur la méthode du refroidissement fait voir que cette méthode, telle qu'elle a été pratiquée jusqu'ici, présente de grandes incertitudes dans l'application, et par conséquent, qu'elle ne peut pas être employée pour établir une série de faits fondamentaux, pour démontrer une loi aussi importante que l'est celle de Dulong et Petit sur la chaleur spécifique des corps simples. Outre les causes générales d'erreur que l'on peut prévoir, il y en a d'autres dont il est impossible de constater l'existence dans chaque expérience particulière. Au reste, il est à regretter que Dulong et Petit ne nous aient donné que si peu de détails sur leurs expériences; mais je n'hésite pas à énoncer l'opinion que les différences que l'on pourra remarquer entre quelques-uns des résultats de Dulong et Petit et les miens, tiennent aux incertitudes des observations par la méthode du refroidissement.

La méthode des mélanges n'admet aucune pétition de principes, elle est directe; mais elle demande dans son application une foule de précautions minutieuses, sans lesquelles elle donne des résultats très erronés. Elle a l'inconvénient de ne pas se prêter aussi bien à toutes les substances : ainsi pour les matières qui peuvent être obtenues sous une forme convenable, qui d'ailleurs sont bons conducteurs de la chaleur, comme les métaux malléables, on peut obtenir, par la méthode des mélanges, des résultats extrêmement précis; mais l'expérience devient plus difficile quand il s'agit de corps mauvais conducteurs, et surtout de substances qui ne peuvent pas être obtenues agrégées, mais seulement en poudre fine.

Je vais décrire rapidement la manière dont mes expériences ont été faites.

La substance à examiner était placée en fragments plus ou moins gros dans une corbeille en fil de laiton très mince, dont le poids ne formait jamais qu'une petite fraction du poids de la substance dont on déterminait la chaleur spécifique (1). La corbeille porte dans son axe un petit cylindre en toile métallique dans lequel vient se loger le réservoir d'un thermomètre pendant que la substance est chauffée. Pour porter la substance à la température convenable, on suspend la corbeille par des fils de soie dans une étuve chauffée par de la vapeur d'eau et qui est représentée dans la *fig.* 1, *Pl.* I.

Cette étuve se compose de trois enveloppes concentriques en ferblanc. Dans l'enveloppe du milieu A est suspendue la corbeille avec la substance à échauffer; le réservoir d'un gros thermomètre occupe le vide central de la corbeille. Dans l'espace annulaire B on fait circuler continuellement un courant de vapeur d'eau qui est fourni par une chaudière V. Cette vapeur, au sortir de l'étuve en ferblanc, se rend par le tuyau T dans un serpentin S où elle se condense. La troisième enveloppe C fait l'office d'un manchon d'air qui préserve l'enveloppe B du refroidissement par l'air extérieur.

Le cylindre intérieur A est fermé à sa base supérieure par un bouchon de ferblanc *b*, traversé par la tige du thermomètre destiné à indiquer la température à laquelle la substance est arrivée. La base inférieure de ce cylindre

---

(1) On peut facilement obtenir ces corbeilles aussi légères que l'on veut en les faisant fabriquer avec un tissu métallique quelconque et en les laissant dans l'acide nitrique jusqu'à ce qu'elles n'aient plus que le poids voulu.

est fermée par un registre creux en ferblanc R, de l'épaisseur de l'enveloppe C.

L'étuve à plusieurs enveloppes est supportée, à une distance de quatre décimètres au-dessus du sol, par une enveloppe coudée D en ferblanc, dans laquelle on maintient de l'eau à la température extérieure et que l'on peut renouveler aussi souvent qu'on le veut. Cette disposition a été prise afin que le petit vase dans lequel le mélange doit être fait ne puisse gagner aucune chaleur par le rayonnement de l'étuve supérieure ou celui de la chaudière qui amène la vapeur. Cette enveloppe-support est percée d'un trou cylindrique correspondant au cylindre intérieur A et qui est tenu fermé pendant l'échauffement de la substance, au moyen d'un registre R′ attaché au premier registre R par un manche commun *m*; de sorte que ces deux registres peuvent être tirés du même coup et ouvrir ainsi la base du cylindre A.

Le vase H, dans lequel se fait le mélange de la substance avec l'eau, est formé par une feuille de laiton extrêmement mince; il est supporté sur deux fils de soie croisés, qui sont eux-mêmes attachés à un petit chariot de bois se mouvant dans une rainure. Un thermomètre est maintenu dans l'eau du petit vase réfrigérant, à une distance d'environ un centimètre de la paroi. Le réservoir de ce thermomètre, en verre très mince, occupe toute la hauteur de l'eau dans le vase; son diamètre a moins de trois millimètres, de sorte que l'équilibre de température avec l'eau extérieure s'établit en quelques instants. Ce thermomètre est assez sensible pour qu'un degré centigrade occupe plus de quinze divisions de l'échelle arbitraire; on l'observe au moyen d'une lunette à axe optique horizontal et qui se meut le long d'une règle verticale divisée, ce qui permet de sous-diviser avec précision chacune des divisions de l'échelle en dix parties égales (1).

L'eau qui est placée pour chaque expérience dans le vase réfrigérant est mesurée dans un flacon à col étroit; son volume est tel, qu'après l'immersion de la substance dans le vase réfrigérant, celui-ci se trouve à très peu près entièrement rempli. On prend la température de l'eau à chaque mesure; on peut ainsi connaître très exactement, en consultant une table, le poids de l'eau employée dans chaque expérience. On s'est assuré que le flacon étant vidé dans le vase, et le même nombre de secousses étant donné au flacon mesureur, le poids de l'eau qui s'élevait à près de 500 grammes, ne variait plus que de quelques centigrammes dans plusieurs mesures qui ont été faites successivement.

Cela posé, voici comment on procédait à l'opération.

La corbeille chargée avec la substance étant suspendue au milieu de l'étuve, le réservoir du thermomètre occupant le vide central, on échauffait celle-ci au moyen de la vapeur d'eau. La température monte d'abord rapidement; mais il faut un temps extrêmement long pour que le thermomètre arrive à un maximum sensiblement stationnaire. Ce maximum n'atteint jamais la température de la vapeur; il est toujours inférieur de 1 à 2°. Au bout de deux heures environ, le thermomètre ne monte plus sensiblement; on laisse l'opération continuer au moins pendant une heure, afin d'être bien sûr que la matière a pris dans toute sa masse la température indiquée par le thermomètre; celui-ci ne doit pas varier, pendant toute

(1) Les thermomètres employés dans ces expériences ont été gradués par moi-même et leur calibrage vérifié avec les soins les plus minutieux.

cette heure, de la moitié d'une de ses divisions, c'est-à-dire de $\frac{1}{10}$ de degré centigrade, sans quoi l'on prolonge l'opération encore davantage. L'échauffement extrêmement lent que la matière subit dans cet appareil est une garantie de l'exactitude du procédé.

On dispose alors l'eau dans le vase, on prend exactement sa température avec la lunette; on note également la température de l'air extérieur qui est donnée par un thermomètre très sensible placé à côté du vase réfrigérant.

On amène le petit chariot immédiatement au-dessous de l'espace A; l'étuve et son support portent des échancrures *e* qui laissent passer la tige du thermomètre. On tire les registres et l'on fait descendre la corbeille dans l'eau. On décroche la corbeille, puis on ramène le chariot devant la lunette. Un aide agite continuellement, à distance, la corbeille dans l'eau, pendant que l'observateur suit avec la lunette la marche du thermomètre.

Le maximum est atteint en très peu de temps; quand la substance n'est pas très mauvais conducteur de la chaleur, il suffit de une ou deux minutes. La descente de la corbeille, de l'étuve dans l'eau du vase réfrigérant, se fait en moins de $\frac{1}{2}$ seconde : ainsi il ne peut pas y avoir de perte sensible de chaleur pendant le trajet, qui se fait d'ailleurs en grande partie dans un espace échauffé. L'eau du vase réfrigérant était prise ordinairement à 1 ou 2° au-dessous de la température extérieure, et à la fin de l'expérience elle s'élevait de 1 à 2° au-dessus. Pour tenir compte de la perte ou du gain de chaleur que l'eau du vase réfrigérant pouvait faire pendant le temps de l'expérience, on divisait ce temps en deux périodes : la première période, comprise entre l'observation de la température initiale et le retour du vase devant la lunette, était évaluée moyennement à 30 secondes. On supposait que pendant ce temps, l'eau restait à la température initiale. La seconde période commençait au moment du retour du chariot, et s'étendait jusqu'à l'observation du maximum. Cet intervalle de temps était obtenu en retranchant 30 secondes de l'intervalle total compris entre l'observation de la température initiale et celle de la température finale. et qui était donné au moyen d'un compteur. On admettait que pendant le premier quart de cette seconde période l'eau était à la température extérieure, et par suite n'éprouvait ni perte ni gain de chaleur, et que pendant les trois quarts de ce temps l'eau possédait la température du maximum. La petite fraction de degré (elle ne s'élevait jamais à plus de 3 à 4 centièmes) qu'il fallait ajouter ou retrancher de la différence de température observée, pour tenir compte du refroidissement ou de l'échauffement de l'eau du vase par l'air extérieur, était obtenue au moyen d'une petite formule d'interpolation établie par une série d'expériences directes sur le refroidissement de l'eau, dans des circonstances précisément semblables à celles de l'expérience véritable. Le gain de chaleur fait pendant la première période par l'eau qui est au-dessous de la température extérieure, était retranché de la perte de chaleur que l'eau faisait dans la seconde période, en vertu de son excès de température. La différence donnait la correction qu'il fallait ajouter à l'élévation de température observée (1).

J'ai supposé jusqu'ici que la substance dont on cherche la

(1) Des expériences directes ont montré que cette manière de tenir compte de la perte et du gain de chaleur pendant la durée de l'expérience était la plus convenable, pour l'appareil dont je me suis servi, quand le temps compris entre les observations des températures initiale et finale ne dépassait pas 4^{m}.

chaleur spécifique peut être obtenue en fragments d'une certaine grosseur; dans un grand nombre de cas cela n'a pas lieu.

Si la substance est liquide, on la met dans des tubes très minces en verre de 15^{mm} environ de diamètre que l'on ferme par les deux bouts. Ces tubes doivent être à peu près entièrement remplis; on laisse seulement un peu de vide pour permettre la dilatation du liquide. Ils sont placés dans la corbeille et l'on opère comme à l'ordinaire. Le maximum de température dans le vase réfrigérant est un peu plus long à s'établir, mais il a toujours lieu au bout de trois minutes. Dans le calcul on tient compte du verre qui forme les tubes, et dont la chaleur spécifique a été déterminée avec soin.

Quand la substance est pulvérulente, comme cela arrive pour beaucoup de métaux et pour la plupart des oxides métalliques, on réussit souvent à donner un peu d'agrégation à la matière en l'humectant avec de l'eau, la pétrissant en forme de boulettes et la soumettant à une nouvelle calcination; elle reste ainsi assez agrégée pour que l'on puisse opérer comme à l'ordinaire. D'autres fois on l'agrége en la frappant à coups de marteau, dans un cylindre semblable à celui que l'on emploie dans les laboratoires pour forger le platine.

Quand tous ces moyens ne réussissent pas, on est obligé de placer la matière pulvérulente dans des vases; j'ai employé pour cela des petits cylindres en laiton, aussi minces que possible, de 15^{mm} de diamètre et de 60^{mm} de hauteur. La matière pulvérulente était fortement tassée dans ces cylindres, que l'on plaçait ensuite dans la corbeille de laiton, et l'on opérait après cela comme à l'ordinaire.

Ce moyen n'était employé qu'à la dernière extrémité, car le procédé perd alors beaucoup de sa rigueur. Le thermomètre du vase réfrigérant demande maintenant 10 à 15 minutes pour arriver au maximum, à cause de la très mauvaise conductibilité de la substance. Le maximum qui, dans les expériences ordinaires, ne se maintient que pendant quelques secondes, reste maintenant stationnaire pendant plusieurs minutes; le calcul de la chaleur spécifique devient plus compliqué et par cela même plus incertain; on ne peut plus négliger certaines causes d'erreur qui étaient insensibles dans la manière ordinaire d'opérer. En effet, lorsque le thermomètre marque le maximum, la substance, si elle est mauvais conducteur de la chaleur, n'est réellement pas descendue à la température de l'eau ambiante; le maximum a lieu lorsque le vase perd, par son rayonnement dans l'air, une quantité de chaleur précisément égale à celle que l'eau reçoit dans le même temps, du corps immergé, en vertu de l'excès de température conservé par ce dernier. On peut avoir une évaluation approchée de cet excès moyen de température que le corps possède au moment de l'observation du maximum.

Il suffit pour cela de suivre le refroidissement du thermomètre pendant un certain temps, 5 minutes par exemple, et de comparer ce refroidissement à celui qui aurait lieu dans le même temps, si la substance immergée était en équilibre de température avec l'eau ambiante. Ce dernier refroidissement se calcule facilement au moyen de la formule d'interpolation dont j'ai parlé plus haut. La différence entre le refroidissement calculé et celui observé est évidemment égale à la quantité de chaleur que le corps, en vertu de son excès moyen de température, communique dans le même temps à l'eau ambiante.

Soient θ' la fraction de degré dont le thermomètre descend en 5 minutes dans l'expérience en question ;

θ'' le refroidissement calculé dans le même temps si le corps ne donnait pas une nouvelle quantité de chaleur à l'eau ;

A la masse de l'eau ;

A $(\theta'' - \theta')$ sera la quantité de chaleur fournie à l'eau par la substance dans l'espace de 5 minutes.

Or si τ représente l'excès de température moyen du corps sur l'eau ambiante au bout du temps t, compté à partir du maximum, on aura, d'après la loi de Newton,

$$d\tau = m\tau dt,$$

d'où
$$\log \tau = mt + \text{const.}$$

Si τ_0 représente l'excès moyen au moment du maximum, c'est-à-dire pour $t = 0$, on doit avoir

$$\log \tau_0 = \text{const.},$$

d'où
$$\log \frac{\tau}{\tau_0} = mt, \quad \frac{\tau}{\tau_0} = \frac{1}{e^{mt}}.$$

La quantité de chaleur abandonnée par la substance, en descendant de τ_0 à τ, sera, en désignant par M le poids de cette substance et par c sa chaleur spécifique approchée,

$$(\tau_0 - \tau)\text{M}c;$$

substituant pour τ sa valeur

$$\tau_0\left(1 - \frac{1}{e^{mt}}\right)\text{M}c,$$

on doit donc avoir

$$\tau_0\left(1 - \frac{1}{e^{mt}}\right)\text{M}c = \text{A}(\theta'' - \theta'),$$

d'où
$$\tau_0 = \frac{\text{A}(\theta'' - \theta')}{\text{M}c\left(1 - \frac{1}{e^{mt}}\right)}.$$

Dans cette équation, il n'y a d'inconnue que la valeur de e^{mt}. On peut déterminer cette quantité par une expérience préliminaire. Pour cela, on mettra dans le petit cylindre une substance en poudre, de nature à peu près semblable à celle de la substance dont on s'occupe, mais dont la chaleur spécifique aura pu être déterminée avec précision sur de la matière en morceaux. On fera l'expérience ordinaire pour déterminer la capacité calorifique, et l'on suivra ensuite le refroidissement du thermomètre pendant 5^{m} à partir de l'observation du maximum. La valeur de cette capacité calculée d'après l'élévation de température de l'eau au moment du maximum, étant comparée à la chaleur spécifique véritable de la substance, on aura le moyen de calculer l'excès de température τ_0, que la matière placée dans les cylindres conservait au-dessus de l'eau ambiante au moment de l'observation du maximum. En posant

$$\tau'_0 = \frac{A(\theta'' - \theta')}{Mc\left(1 - \frac{1}{e^{mt}}\right)},$$

on aura une relation dans laquelle tout sera connu, excepté e^{mt}, que l'on pourra calculer par-là, et qui restera la même dans les expériences analogues.

Connaissant l'excès de température τ_0 que le corps possède au-dessus de l'eau ambiante au moment du maximum, il faudra l'ajouter à la température finale de l'eau, pour avoir la température à laquelle le corps est arrivé au moment de l'observation de la température maximum de l'eau. C'est cette température corrigée qu'il faut ensuite introduire dans le calcul de la chaleur spécifique.

Le calcul que je viens d'exposer n'est pas rigoureux, mais il suffit pour le but que nous nous proposons d'évaluer des corrections assez petites. Une erreur notable sur la valeur de ces corrections n'exercerait que peu d'influence sur le résultat total.

Une correction du même genre devrait être faite dans le cas où l'on soumet à l'expérience un liquide renfermé dans des tubes de verre; mais l'observation montre qu'elle est dans ce cas fort minime, et on peut la négliger.

On reconnaît facilement dans l'expérience même de la détermination de la chaleur spécifique, si le corps immergé est sensiblement en équilibre de température avec l'eau ambiante au moment de l'observation du maximum. Quand cela a lieu, le maximum s'établit promptement et ne persiste que pendant quelque instants; au contraire, quand le corps conserve un excès de température, le maximum n'arrive qu'au bout d'un temps beaucoup plus long, et il reste stationnaire pendant plusieurs minutes.

Toutes les substances qui peuvent être obtenues en morceaux compacts et concassés en fragments de la grosseur d'un pois, ne m'ont pas présenté de différences de conductibilité bien sensibles dans l'expérience, c'est-à-dire que pour toutes ces substances le maximum de température de l'eau a demandé à peu près le même temps pour s'établir, et n'a persisté que pendant quelques instants. Il n'en est pas de même des substances qui au moment de leur solidification éprouvent un retrait en cristallisant, comme cela se présente surtout dans le soufre. Les substances de cette espèce deviennent très mauvais conducteurs de la chaleur, parce qu'il se forme une infinité de vides entre les petits cristaux partiels et la détermination exacte de leur capacité pour la chaleur présente de grandes difficultés.

J'ai également employé la méthode des mélanges pour

la détermination de la chaleur spécifique des substances solubles dans l'eau ; dans ce cas, je remplaçais l'eau du vase réfrigérant par de l'essence de térébenthine dont la chaleur spécifique avait été déterminée, par des expériences préliminaires, entre les limites de 5 à 15°. On avait également fait une série d'observations sur le refroidissement de l'essence dans le vase, afin de pouvoir tenir compte du gain ou de la perte de chaleur que l'essence éprouvait dans chaque expérience.

L'emploi de l'essence de térébenthine ne présente d'ailleurs aucune difficulté particulière ; l'équilibre de température s'établit promptement, à cause de la grande fluidité du liquide, pourvu que celui-ci soit continuellement agité. La perte de température par rayonnement dans l'air est seulement plus grande dans le même temps pour l'essence que pour l'eau, à cause de la plus faible capacité pour la chaleur.

J'ai employé avec succès l'essence de térébenthine pour déterminer la chaleur spécifique des corps dont je ne pouvais me procurer que de petites quantités. La chaleur spécifique de l'essence étant seulement les $\frac{43}{100}$ de celle de l'eau, l'élévation de température produite par la même quantité de matière est presque deux fois et demie plus forte sur l'essence que sur un même poids d'eau.

L'essence de térébenthine étant souvent exposée à l'air, il était à craindre qu'elle ne subît une altération notable, et par suite une variation dans sa chaleur spécifique. J'ai eu soin de m'assurer de temps en temps qu'aucune altération n'était survenue, en prenant avec l'essence la chaleur spécifique d'une même quantité de cuivre qui était conservée exprès pour cet usage. Le même flacon d'essence ne me servait que pendant trois semaines, et dans cet intervalle de temps je n'ai pas aperçu de variation sensible dans la chaleur spécifique; on prenait d'ailleurs des précautions pour qu'elle restât le moins de temps possible exposée à l'air.

Après avoir décrit en détail le procédé que j'ai suivi pour la détermination de la chaleur spécifique des corps par la méthode des mélanges, je vais inscrire quelques nombres nécessaires pour calculer les expériences :

Poids du vase en laiton, 55gr,15; valeur en eau, 5gr,18, en admettant pour la chaleur spécifique du laiton le nombre 0,0939 donné par mes expériences.

Le mercure du thermomètre pèse 7gr,62; valeur en eau.................................... 0,251

Poids du verre du réservoir 0,77
— d'une petite portion de la tige.......... 0,50 } 1gr,27; en eau. 0,265

Valeur en eau de la partie plongée du thermomètre.................................... 0,516

Ainsi pour tenir compte de la chaleur prise par le vase et par la partie plongée du thermomètre, il faudra ajouter dans chaque expérience, au poids de l'eau mise dans le vase, 5gr,70.

J'ai employé plusieurs petites corbeilles de laiton; leur valeur en eau est donnée dans le tableau suivant :

Corbeille	
A	1gr,284
B	0 ,913
C	1 ,722
D	1 ,555
E	0 ,848
F	0 ,705
G	0 ,595
H	0 ,258

On peut calculer ces valeurs d'après le poids de chaque corbeille, quand on connaît la chaleur spécifique du laiton. Mais on a ainsi des nombres un peu forts; ces corbeilles étant formées par des fils très minces et isolés, présentent une grande surface et éprouvent une perte fort notable de chaleur pendant la descente. J'ai regardé comme plus exact de déterminer la valeur en eau des corbeilles par des expériences directes. Ces expériences ont été faites sur la corbeille B. Pour cela, on a placé successivement dans cette corbeille 10^{gr}, 20^{gr}, 30^{gr} de plomb, et l'on a fait l'expérience de la détermination de la chaleur spécifique. Celle du plomb étant connue, il était facile de déterminer l'influence de la corbeille. J'ai trouvé ainsi, comme moyenne de plusieurs expériences concordantes, 0,913 pour la valeur en eau de la corbeille B. Le calcul avait donné $1^{gr},147$.

Pour les autres corbeilles, je me suis contenté de réduire proportionnellement la valeur calculée. Il est bon de remarquer que la corbeille n'était jamais qu'une fort petite fraction de la matière totale.

La formule pour le refroidissement de l'eau est la suivante :

$$\Delta\theta = 0^{\circ},0001386.\theta,$$

dans laquelle θ représente l'excès de température, et $\Delta\theta$ la perte de température qui a lieu en une seconde; la perte totale était obtenue en multipliant $\Delta\theta$ par le nombre de secondes pendant lequel le refroidissement avait lieu.

Pour l'essence de térébenthine la formule est

$$\Delta\theta = 0^{\circ},0002075.\theta.$$

Ces formules s'accordent avec une série d'observations

faites directement sur le refroidissement de l'eau et de l'essence, une petite corbeille chargée étant continuellement agitée dans le liquide.

Je passe maintenant au détail de mes expériences, et je commencerai par donner la chaleur spécifique de quelques substances que nous avons besoin de connaître, parce qu'elles entrent dans nos appareils; je veux parler du laiton, du verre et de l'essence de térébenthine.

Je désignerai toujours par M le poids de la matière, et j'aurai soin de placer à côté, entre parenthèses, la lettre qui indique la corbeille dans laquelle la matière était contenue;

Par T la température stationnaire indiquée par le thermomètre de l'étuve;

Par A, le poids de l'eau employée dans chaque expérience (environ 462^{gr},5). Dans ce poids ne se trouvent pas compris les 5^{gr},70, valeur en eau du vase et du thermomètre;

Par E*s* le poids de l'essence, si l'expérience est faite avec de l'essence de térébenthine.

Par θ la température finale maximum de l'eau, par θ' la température de l'air extérieur, et par $\Delta\theta$ l'accroissement de température produit;

Enfin *t* désignera le temps écoulé depuis l'observation de la température initiale jusqu'à celle de la température maximum.

Laiton.

Le laiton dont j'ai déterminé la chaleur spécifique, a présenté la composition suivante à l'analyse :

Cuivre....................	71
Zinc....................	27,6
Plomb....................	1,3
Étain....................	*traces.*
	99,9

Deux expériences ont donné les nombres suivants :

Le poids de la corbeille en laiton, dans ces deux expériences seulement, se trouve compris dans la valeur de M.

	I.	II.
M + D............	320gr,75	320gr,75
T................	98°,27	97°,95
A................	462gr,41	462gr,41
θ................	13°,80	14°,46
θ'................	11°,35	12°,42
$\Delta\theta$..............	5°,376	5°,343
t.................	1′ 45″	1′ 45″
Chaleur spécifique..	0,09404	0,09378
Moyenne..................		0,09391

Verre.

Le verre dont j'ai pris la chaleur spécifique provenait des tubes mêmes qui avaient renfermé les substances liquides soumises aux expériences. Je n'ai fait qu'une seule expérience dont les données suivent :

M (B)......................	77gr,37
T..........................	98°,73
A..........................	462gr,32
θ..........................	13°,66
θ'..........................	11°,32
$\Delta\theta$..........................	2°,930
t..........................	1′ 45″
Chaleur spécifique............	0,19768.

Essence de térébenthine.

L'essence de térébenthine devait être employée à la place d'eau pour recueillir la chaleur abandonnée par les substances chauffées; il fallait donc connaître exactement sa capacité calorifique entre les limites de température qu'elle devait atteindre dans les expériences. Afin de satisfaire d'une manière certaine à cette condition, j'ai déterminé la capacité de l'essence dans les circonstances mêmes où elle devait servir. Pour cela, le vase de laiton renfermant la quantité ordinaire d'essence, j'observais l'élévation de température produite par l'immersion d'une quantité pesée de cuivre métallique chauffé dans l'étuve, et dont la chaleur spécifique avait été déterminée avec grand soin au moyen de l'eau; cette observation suffisait pour calculer la capacité calorifique de l'essence.

J'ai admis pour la chaleur spécifique du cuivre le nombre 0,09515, qui est la moyenne donnée par mes expériences (page 37) :

	I.	II.	III.	IV.	V.
M (F)........	170gr,52	170gr,52	100gr,07	141gr,85	141gr,85
T............	97°,67	97°,63	97°,54	98°,17	98°,11
Es...........	420gr,56	420gr,56	420gr,56	419gr,84	420gr,13
θ............	15°,26	15°,59	12°,73	16°,27	15°,09
θ'............	9°,75	9°,89	10°,05	13°,27	11°,81
$\Delta\theta$............	7°,407	7°,432	4°,727	6°,275	6°,350
t............	2' 10"	2'	1' 45"	1' 30"	1' 45"
Chaleur spéc..	0,42988	0,42667	0,42089	0,42745	0,42476
Moyenne......					0,42593

Les expériences I, II et III ont été faites sur de l'essence fraîche, l'expérience IV a été faite sur une essence servant depuis quinze jours, l'expérience V a été faite sur la même essence après trois semaines d'usage.

Eau.

J'ai voulu soumettre ma manière d'opérer à un contrôle décisif, en prenant la chaleur spécifique de l'eau. Nous posons cette chaleur spécifique égale à 1,000 entre 0 et 20°, c'est-à-dire entre les limites de température dans lesquelles l'eau reste toujours dans nos expériences. Si la capacité de l'eau pour la chaleur restait constante jusqu'à son point d'ébullition, nous devrions encore trouver 1,000 pour cette capacité calorifique, en la déterminant directement par l'expérience, si toutefois notre procédé est rigoureux. L'expérience devra donner un nombre un peu plus grand que 1,000, si la chaleur spécifique de l'eau, de même que celle de tous les corps solides et liquides que l'on a examinés jusqu'ici, va en augmentant avec la température.

Or deux expériences m'ont donné :

M (B).............	32gr,330	32gr,330
Verre..............	20gr,765	20gr,765
T..................	97°,63	98°,11
A..................	462gr,41	462gr,39
θ..................	14°,85	16°,42
θ'..................	12°,41	14°,24
$\Delta\theta$.................	6°,583	6°,525
t..................	5′ 30″	5′
Chaleur spécifique...	1,00709	1,00890

On voit que ces nombres sont un peu plus forts que 1,000, ce qui montre que la capacité de l'eau pour la chaleur va en augmentant avec la température. Ces deux expériences font voir en même temps, d'une manière tout-à-fait évidente, que le procédé suivi ne peut comporter que des erreurs extrêmement faibles.

CHALEUR SPÉCIFIQUE DES CORPS SIMPLES.

Cuivre.

Ce métal était sous forme de baguettes de 3mm de diamètre, il n'a donné que des traces de matières étrangères à l'analyse chimique, on l'a recuit avant de le soumettre à l'expérience.

M (B).	314gr,77	314gr,77	314gr,77	191gr,51
T.....	98°,26	98°,11	98°,11	98°,42
A.....	462gr,28	462gr,23	462gr,28	462gr,28
θ.....	17°,42	18°,20	17°,49	15°,96
θ'.....	14°,47	15°,29	15°,29	15°,74
Δθ....	5°,276	5°,227	5°,260	3°,371
t.....	2'45"	2'24"	2'18"	1'55"
Ch. sp.	0,09537	0,09546	0,09497	0,09480
Moyenne........................				0,09515

Fer.

En fil de 3mm d'épaisseur, extrêmement doux, ne laissant pas de résidu sensible, quand on le dissout dans l'acide hydro-chlorique. Trois expériences ont donné

M (B)....	316gr,66	316gr,66	247gr,15
T........	97°,48	98°,11	98°,11
A........	462gr,10	462gr,28	462gr,24
θ.........	20°,23	18°,82	17°,77
θ'........	16°,65	16°,55	16°,45
Δθ.......	6°,067	6°,217	4°,985
t.........	2'7"	2'29"	2'3"
Chal. spéc.	0,11362	0,11322	0,11373

Le même fil de fer a été chauffé au blanc, puis jeté dans l'eau, enfin décapé par l'acide hydro-chlorique faible; il a donné des nombres tout-à-fait semblables :

M (F)..............	293gr,69	293gr,69
T..................	98°,48	98°,52
A..................	462gr,39	462gr,41
θ	15°,39	14°,71
θ'..................	11°,20	13°,04
Δθ..................	6°,001	6°,150
t..................	2'	1'45"
Chaleur spécifique....	0,11284	0,11398
Moyenne des 5 expériences....		0,113795

Zinc.

Le zinc que j'ai employé dans mes expériences avait été purifié par distillation, et la surface des grenailles bien décapée en le plongeant pendant quelques instants dans de l'acide hydro-chlorique étendu.

M (E)....	247gr,61	284gr,69	293gr,65
T........	99°,05	99°,27	99°,11
A........	462gr,41	462gr,41	462gr,39
θ.........	13°,30	13°,59	14°,59
θ'........	12°,37	10°,42	13°,72
$\Delta\theta$........	4°,511	5°,094	5°,227
t.........	2′	2′15″	1′35″
Chal. sp...	0,09589	0,09528	0,09548
	Moyenne...............		0,09555

J'ai fait également quelques expériences sur un zinc du commerce en plaques; ce métal était impur, mais j'avais besoin de connaître sa chaleur spécifique pour des expériences particulières.

J'ai obtenu dans trois observations :

Chaleur spécifique.... 0,09985 0,10049 0,10003.

Argent.

Argent fin de la monnaie en grenailles.

M (B).......	345gr,66	345gr,66	496gr,72	496gr,72	496gr,72
T...........	98°,74	98°,74	98°,74	98°,57	98°,48
A...........	462gr,36	462gr,36	462gr,41	462gr,41	462gr,45
θ............	13°,59	12°,31	13°,97	13°,33	11°,79
θ'...........	10°,94	11°,99	12°,23	9°,44	8°,54
$\Delta\theta$...........	3°,753	3°,812	5°,268	5°,260	5°,401
t............	2′2″	2′10″	2′50″	2′30″	2′
Chaleur spéc..	0,05739	0,05691	0,05685	0,5679	0,05712
	Moyenne..............................				0,05701

Arsenic.

Purifié par sublimation, puis décapé dans une dissolution de chlore. J'ai fait deux séries d'expériences sur l'arsenic : la première sur ce corps sublimé une seule fois, et la seconde série sur l'arsenic sublimé deux fois.

Arsenic sublimé une fois.

M (B).	216gr,18	216gr,18	216gr,18	216gr,18
T.....	97°,48	98°,11	98°,42	98°,11
A.....	440gr,36	440gr,42	440gr,36	440gr,39
θ......	13°,84	12°,64	14°,50	14°,39
θ'.....	10°,94	9°,74	12°,14	11°,99
$\Delta\theta$.....	3°,446	3°,545	3°,446	3°,429
t......	2'30"	2'12"	2'40"	2'10"
Chal. sp.	0,08163	0,08204	0,08114	0,08082

Arsenic sublimé deux fois.

M (E).............	228gr,02	228gr,02
T.................	99°,13	98°,58
A.................	462gr,39	462gr,39
θ.................	12°,46	12°,08
θ'.................	10°,79	9°,97
$\Delta\theta$................	3°,587	3°,570
t.................	1'45"	1'30"
Chaleur spécifique....	0,08136	0,08117
Moyenne des 6 expériences...		0,08140

Cadmium.

Le cadmium que j'ai employé pour mes expériences était très malléable. L'analyse n'y a fait reconnaître que 1 % de matières étrangères.

M (B)....	439gr,19	439gr,19	439gr,19
T........	98°,11	98°,11	97°,79
A........	440gr,36	440gr,27	440gr,32
θ.........	15°,81	15°,94	16°,44
θ'.........	12°,59	11°,24	12°,59
$\Delta\theta$.......	4°,727	4°,719	4°,636
t.........	3′35″	3′37″	2′38″
Chal. spéc.	0,05695	0,05673	0,05639
Moyenne			0,05669

Plomb.

1re série. Plomb d'essai.

M (B)......	526gr,33	526gr,33	526gr,33	526gr,33	526gr,33 (A)
T.........	98°,11	97°,79	98°,11	98°,11	97°,79
A.........	440gr,27	440gr,27	440gr,39	440gr,39	440gr,39
θ..........	16°,48	16°,13	13°,54	13°,65	13°,72
θ'.........	13°,49	12°,14	10°,94	11°,09	11°,99
$\Delta\theta$.........	3°,154	3°,163	3°,229	3°,262	3°,329
t..........	3′ 30″	3′ 0″	3′ 30″	3′	3′ 34″
Chaleur sp.	0,03134	0,03177	0,03109	0,03137	0,03145

2me série. Plomb espagnol très pur.

M (E)....	560gr,52	560gr,52	529gr,11
T........	98°,98	98°,94	98°,74
A........	462gr,39	462gr,39	462gr,32
θ.........	13°,03	13°,38	13°,12
θ'........	12°,82	12°,48	13°,12
$\Delta\theta$.......	3°,387	3°,387	3°,188
t.........	2′	2′ 15″	3′
Chal. spéc.	0,03129	0,03150	0,03133
Moyenne des 8 expériences			0,03140

Bismuth.

Le bismuth a été purifié en le fondant plusieurs fois avec le dixième de son poids de nitre.

La première série d'expériences a été faite avec le métal fondu deux fois avec du nitre.

M (B).....	521gr,56	521gr,56	521gr,56
T.........	98°,11	97°,79	98°,11
A.........	440gr,32	440gr,36	440gr,32
θ..........	15°,56	14°,46	15°,55
θ′.........	15°,14	12°,59	14°,54
Δθ........	3°,146	3°,154	3°,138
t..........	4′	3′15″	3′15″
Chal. spéc.	0,03082	0,03089	0,03082

Le même bismuth a été refondu une troisième fois avec du nitre; il a donné des résultats semblables.

M (E)...............	555gr,26	555gr,26
T....................	99°,05	99°,43
A....................	462gr,43	462gr,43
θ.....................	11°,06	11°,03
θ′....................	11°,47	11°,09
Δθ...................	3°,396	3°,421
t.....................	2′25″	2′15″
Chaleur spécifique....	0,03084	0,03093
Moyenne des 5 expériences.....		0,03084

Antimoine.

Antimoine du commerce purifié par plusieurs fontes au nitre.

De l'antimoine fondu deux fois de suite avec du nitre, a donné

M (A).	362gr,30	362gr,30	362gr,30	362gr,30
T.....	97°,01	96°,85	96°,85	96°,85
A.....	440gr,36	440gr,32	440gr,32	440gr,27
θ......	14°,72	16°,13	16°,06	15°,97
θ′.....	12°,74	13°,79	11°,84	12°,14
Δθ....	3°,637	3°,495	3°,495	3°,495
t......	2′30″	3′35″	3′17″	3′30″
Ch. sp.	0,05113	0,05037	0,05084	0,05076

Le même métal refondu une troisième fois avec du nitre, a donné

M (E)........................	248gr,62
T........................	98°,98
A........................	462gr,39
θ........................	11°,32
θ'........................	11°,61
$\Delta\theta$........................	2°,530
t........................	1′30″
Chaleur spécifique..............	0,05065
Moyenne des 5 expériences...	0,05077

Étain.

J'ai employé pour ces expériences de l'étain de Banca parfaitement pur, coulé sous forme de disques.

M (E)........	460gr,65	460gr,65	460gr,65	462gr,74	462gr,74
T...........	98°,42	98°,74	98°,57	98°,42	99°,05
A...........	462gr,32	462gr,41	462gr,45	462gr,39	462gr,39
θ...........	15°,68	12°,88	10°,89	13°,55	14°,05
θ'...........	13°,12	11°,06	12°,36	11°,69	12°,82
$\Delta\theta$...........	4°,711	4°,927	5°,052	4°,860	4°,860
t...........	2′ 30″	2′	2′ 30″	2′ 30″	2′ 30″
Chaleur spéc..	0,05624	0,05652	0,05619	0,05622	0,05601
Moyenne des 5 expériences........................					0,05623

Une seconde série d'expériences a été faite avec de l'étain anglais; mais ce métal était moins pur que le précédent.

L'étain anglais m'a donné, dans deux expériences,

M (A)..............	331gr,92	331gr,92
T.................	96°,85	97°,16
A.................	440gr,38	440gr,32
θ.................	15°,39	15°,99
θ'.................	14°,38	14°,55
$\Delta\theta$.................	3°,645	3°,637
t.................	4′	5′
Chaleur spécifique....	0,05685	0,05705.

Nickel.

J'ai fait des expériences sur du nickel préparé par différents procédés. Le métal le plus pur avait été obtenu en fondant de l'oxalate de nickel dans un creuset de porcelaine au feu de forge. Le nickel que l'on obtient ainsi est néanmoins toujours un peu carburé; on le reconnaît à l'odeur de l'hydrogène qui se dégage quand on le dissout dans l'acide hydro-chlorique; la chaleur spécifique doit, d'après cela, être un peu trop forte.

M (F)....	132gr,68	132gr,68	132gr,68
T........	98°,74	98°,74	98°,74
A........	462gr,36	462gr,30	462gr,30
θ.........	12°,72	14°,63	12°,61
θ'........	13°,04	14°,54	12°,44
$\Delta\theta$.......	2°,796	2°,721	2°,796
t.........	1′30″	1′45″	2′
Chal. spéc.	0,10874	0,10837	0,10878
Moyenne.....................			0,10863

D'autres séries d'expériences ont été faites sur du nickel obtenu en chauffant l'oxide dans un creuset brasqué au feu de forge.

1°. En ne chauffant pas assez pour fondre le métal;

2°. En fondant le métal en culot au milieu de la brasque.

Dans les deux cas, le métal renferme une quantité notable de carbone; quand il a été fondu dans la brasque, sa nature est tout-à-fait semblable à celle de la fonte de fer.

Le nickel réduit dans le charbon, mais non fondu, a donné les nombres suivants :

M (B)....	200gr,65	200gr,65	200gr,65
T........	98°,11	97°,79	98°,26
A........	462gr,39	462gr,36	462gr,39
θ.........	13°,60	14°,16	13°,47
θ'........	12°,59	12°,74	12°,59
Δθ.......	4°,203	4°,178	4°,253
t.........	1'58"	2'8"	1'56"
Chal. spéc.	0,11136	0,11207	0,11232

Ces chaleurs spécifiques sont déjà plus fortes que les premières ; le métal doit être plus carburé.

Enfin le nickel fondu dans la brasque, et qui renfermait encore plus de carbone que le précédent, a donné :

M (B).............	204gr,87	204gr,87
T.................	97°,48	97°,79
A.................	440gr,45	440gr,42
θ.................	13°,06	14°,16
θ'................	8°,84	10°,94
Δθ................	4°,669	4°,594
t.................	1'42"	2'8"
Chaleur spécifique...	0,11676	0,11587

Cobalt.

J'ai fait mes expériences sur du cobalt bien fondu, obtenu par l'oxalate, et sur du cobalt fondu dans la brasque et préparé avec l'oxide.

Le cobalt de l'oxalate m'a donné :

M (F).............	87gr,87	87gr,87
T.................	98°,86	99°,05
A.................	462gr,30	462gr,30
θ.................	11°,18	11°,30
θ'................	11°,09	10°,94
Δθ................	1°,889	1°,914
t.................	1'30"	1'15"
Chaleur spécifique....	0,10629	0,10784

La quantité de cobalt dont je pouvais disposer dans ces expériences étant un peu faible, j'ai cru convenable de faire quelques déterminations avec l'essence de térébenthine.

Les résultats ont été les suivants :

M (F).............	87gr,87	87gr,87
T..................	99°,05	99°,37
Es	420gr,20	420gr,40
θ..................	13°,05	12°,45
θ'..................	11°,24	11°,02
$\Delta\theta$.................	4°,685	4°,752
t..................	2′30″	2′30″
Chaleur spécifique...	0,10685	0,10707

Ces nombres s'accordent complétement avec les précédents.

La moyenne des quatre expériences est 0,10696.

Le cobalt très carburé fondu dans la brasque, a donné les nombres suivants :

M (B)....	155gr,94	155gr,94	155gr,94
T........	97°,79	97°,79	97°,79
A........	440gr,39	440gr,36	440gr,39
θ.........	13°,86	14°,37	14°,15
θ'........	10°,50	11°,54	12°,44
$\Delta\theta$.......	3°,537	3°,607	3°,587
t.........	2′	2′30″	2′35″
Chal. spéc.	0,11620	0,11783	0,11734

Ces nombres sont beaucoup plus grands que les précédents, mais ils sont presque identiques avec ceux du nickel carburé obtenu dans les mêmes circonstances.

Platine.

Je dois à la complaisance de M. Desmoutis, fabricant de platine, le métal qui a servi pour mes expériences. Ce métal était tout-à-fait pur.

J'ai expérimenté sur trois espèces de platine : 1° sur du platine laminé en feuilles minces et recuit ; 2° sur du platine formant une seule tige très bien forgée ; 3° sur du platine en mousse fraîchement préparée.

Le platine laminé m'a donné les nombres suivants :

M (E)........	569gr,01	569gr,01	569gr,01	569gr,01	569gr,01
T............	98°,80	98°,89	98°,64	98°,80	98°,71
A............	462gr,39	462gr,35	462gr,40	462gr,40	462gr,36
θ............	12°,03	13°,12	11°,59	11°,39	13°,95
θ'............	12°,45	11°,84	11°,54	11°,84	12°,59
$\Delta\theta$............	3°,637	3°,537	3°,587	3°,604	3°,487
t............	2′	2′	2′	2′	1′ 45″
Chaleur spéc..	0,03279	0,03246	0,03228	0,03223	0,03238

M (E)..............	569gr,01	569gr,01
T.................	98°,74	98°,11
A.................	462gr,41	462gr,40
θ.................	11°,92	12°,13
θ'.................	12°,59	12°,59
$\Delta\theta$.................	3°,629	3°,587
t.................	1′ 45″	2′
Chaleur spécifique....	0,03268	0,03263
Moyenne des 7 expériences.....		0,03243

Le platine en un seul lingot a donné :

M.........................	628gr
T.........................	98°,29
A.........................	462gr,40
θ.........................	11°,88
θ'.........................	12°,30
$\Delta\theta$.........................	3°,737
t.........................	7′
Chaleur spécifique..............	0,03197

Ce nombre est moins certain que les précédents, parce

que le lingot était plus difficile à manier dans l'appareil.

Le platine en mousse a donné, dans deux expériences,

M (E)	$239^{gr},63$	383^{gr}
T	$99°,05$	$99°,15$
A	$462^{gr},36$	$462^{gr},39$
θ	$11°,46$	$11°,52$
θ'	$12°,15$	$10°,79$
$\Delta\theta$	$1°,656$	$2°,513$
t	$1'45''$	$1'45''$
Chaleur spécifique	0,03306	0,03281

Le platine en mousse donne par conséquent des résultats semblables à ceux du platine laminé et recuit; ils sont cependant un peu plus forts.

Palladium.

Le palladium m'a été prêté par M. Bréant : ce métal ne renfermait qu'une trace d'or; il était sous la forme d'une seule lame de 3^{mm} d'épaisseur.

M	$293^{gr},37$	$293^{gr},37$	$293^{gr},37$
T	$98°,42$	$98°,42$	$98°,42$
A	$462^{gr},41$	$462^{gr},32$	$462^{gr},32$
θ	$13°,51$	$14°,31$	$14°,50$
θ'	$11°,76$	$11°,93$	$12°,38$
$\Delta\theta$	$3°,163$	$3°,088$	$3°,096$
t	$2'30''$	$2'$	$2'$
Chal. spéc.	0,05974	0,05893	0,05916
Moyenne			0,05928

Or.

J'ai opéré sur de l'or à $\frac{999}{1000}$, qui m'a été prêté par M. Poisat, raffineur d'or; le métal était sous forme de grenailles.

M (D)	471gr,19	471gr,19
T	98°,17	98°,27
A	462gr,39	462gr,39
θ	12°,38	12°,66
θ'	9°,54	10°,58
$\Delta\theta$	3°,071	3°,063
t	1′45″	2′
Chaleurs spécifiques	0,03250	0,03238
Moyenne		0,03244

Tungstène.

Le tungstène a été préparé en réduisant par l'hydrogène de l'acide tungstique chauffé dans un tube de porcelaine. On parvient difficilement à l'obtenir de cette manière complétement à l'état métallique, quand on veut préparer une grande quantité de ce métal. Je l'ai chauffé trois fois de suite au milieu du courant de gaz hydrogène, sans obtenir une réduction tout-à-fait complète.

La matière reste d'ailleurs sous forme de poudre fine, et se prête difficilement à l'expérience de la chaleur spécifique. Pour achever la réduction, j'ai été obligé de chauffer la matière dans un creuset brasqué. Le métal à moitié réduit a été fortement tassé dans le creuset; puis on l'a soumis pendant deux heures à un violent feu de forge. Le tungstène s'est aggloméré en une seule masse grise métallique assez fortement agrégée pour pouvoir être divisée en morceaux, et placés dans cet état dans les corbeilles de laiton; malheureusement le métal est alors carburé, de sorte que sa chaleur spécifique doit être un peu trop forte.

M (F)...	$125^{gr},10$	$124^{gr},53$	$136^{gr},44$
T.......	$98^{o},74$	$98^{o},74$	$99^{o},05$
A.......	$462^{gr},39$	$462^{gr},32$	$462^{gr},39$
θ........	$9^{o},73$	$11^{o},57$	$10^{o},02$
θ'........	$10^{o},19$	$9^{o},89$	$9^{o},74$
$\Delta\theta$......	$1^{o},024$	$0^{o},9571$	$1^{o},107$
t........	1′ 30″	1′ 30″	1′ 30″
Chaleur spéc.	0,03685	0,03616	0,03685
Moyenne....................			0,03636

Molybdène.

Le molybdène a été obtenu en réduisant d'abord incomplétement dans un tube de verre, de l'acide molybdique au milieu d'un courant de gaz hydrogène. L'oxide partiellement réduit a été fortement tassé dans un creuset brasqué, puis chauffé à un fort feu de forge. — Il est sorti ainsi en une seule masse agglomérée, d'un gris-blanc, qui présente également le métal carburé.

M (E)..............	$65^{gr},83$	$64^{gr},23$
T..................	$98^{o},58$	$98^{o},26$
A..................	$462^{gr},32$	$462^{gr},32$
θ..................	$11^{o},99$	$12^{o},46$
θ'..................	$12^{o},29$	$12^{o},74$
$\Delta\theta$..................	$1^{o},023$	$0^{o},982$
t..................	2′	2′
Chaleur spécifique....	0,07254	0,07182
Moyenne....................		0,07218

Urane.

L'urane se prépare facilement en réduisant le carbonate ammoniacal par le gaz hydrogène. Mais le métal se présente alors sous la forme d'une poudre très fine. Pour l'obtenir agrégé, je l'ai tassé dans un creuset brasqué, qui qui a été ensuite chauffé à la forge. L'urane s'est réuni en une seule masse assez dure, d'un brun foncé, sans éclat métallique.

M (E).........	170^{gr},50	170^{gr},25	170^{gr},14
T.............	98°,42	98°,42	98°,42
A.............	462^{gr},41	462^{gr},41	462^{gr},39
θ.............	10°,27	10°,75	11°,07
θ'.............	10°,49	9°,44	9°,14
$\Delta\theta$.............	2°,147	2°,097	2°,064
t	1′ 30″	2′	2′
Chaleur spéc....	0,06239	0,06191	0,06140
Moyenne..........			0,06190

Soufre.

Le soufre a été purifié par distillation, puis coulé dans un tube; après solidification le bâotn de soufre a été cassé en petits fragments. Le soufre ainsi obtenu est très mauvais conducteur de la chaleur; après l'immersion dans l'eau du corps chauffé, le maximum ne s'établit qu'au bout d'un temps fort long. L'appréciation exacte de la chaleur spécifique ne peut plus être faite avec la même rigueur. Le soufre naturel et celui qui a cristallisé dans le sulfure de carbone, présentent une conductibilité beaucoup plus grande : je me bornerai aujourd'hui à donner la chaleur spécifique obtenue sur le soufre fondu. Dans un prochain Mémoire, qui comprendra l'examen comparatif des corps dimorphes, je reviendrai sur la chaleur spécifique du soufre dans ses deux systèmes cristallins, et je suivrai les variations de la chaleur spécifique dans les modifications physiques si remarquables que le soufre fondu éprouve aux différentes températures.

Trois expériences sur le soufre m'ont donné :

M (E).......	104gr,60	93gr,71	105gr,34 (B)
T...........	97°,73	97°,73	97°,31
A...........	462gr,39	462gr,39	462gr,23
θ...........	13°,43	13°,06	16°,86
θ'...........	13°,42	12°,56	14°,54
$\Delta\theta$..........	3°,970	3°,354	3°,737
t...........	0 / 0	15′	8′
Chaleur spéc..	0,20179	0,20153	0,20446
Moyenne......................			0,20259

Sélénium.

Le sélénium provenait de M. de Zincken; il pouvait renfermer une trace de soufre; je n'en ai pas trouvé de quantité appréciable à l'essai.

M (B).......	120gr,13	120gr,13	120gr,13
T...........	98°,42	97°,63	97°,79
A...........	462gr,36	462gr,36	462gr,36
θ............	11°,93	12°,27	12°,89
θ'............	11°,24	12°,07	11°,76
$\Delta\theta$..........	2°,022	2°,006	1°,989
t............	1′53″	2′2″	1′25″
Chaleur spéc..	0,08349	0,08396	0,08368
Moyenne......................			0,08371

Tellure.

Le tellure était sous forme de culots fondus, à cassure lamelleuse. J'ai fait deux séries d'expériences sur ce corps :

4..

la première avec de l'eau, la seconde avec de l'essence de térébenthine.

La première a donné :

M (A).............	80gr,58	80gr,58
T..................	98°,42	98°,11
A..................	462gr,23	462gr,23
θ..................	13°,84	13°,92
θ'..................	13°,27	12°,52
$\Delta\theta$..................	0°,965	0°,974
t..................	1′32″	1′30″
Chaleur spécifique....	0,05045	0,05193

Les expériences avec l'essence de térébenthine ont donné :

M (F).............	63gr,59	63gr,56
T..................	98°,42	98°,49
Es	419gr,69	419gr,98
θ	11°,76	10°,89
θ'..................	10°,94	9,15
$\Delta\theta$..................	1°,872	1°,889
t	2′	1′30″
Chaleur spécifique....	0,05177	0,05205
Moyenne..................		0,05155

Iode.

L'iode employé dans les expériences avait été purifié par distillation. Le produit distillé a été mis de nouveau dans une cornue, et on l'a chauffé de manière à en distiller à peu près le quart, qui a emporté avec lui toute l'humidité qui était fixée dans la matière. L'iode restant dans la cornue a été coulé dans des tubes de verre très mince, et ceux-ci ont été ensuite fermés à la lampe.

M (E)...............	197gr,48	166gr,12
Verre................	29gr,98	19gr,50
T..................	98°,26	97°,85
A..................	462gr,45	462gr,45
θ..................	9°,42	9°,53
θ'..................	7°,79	9°,52
Δθ.................	3°,298	2°,563
t..................	4'30"	3'30"
Chaleur spécifique....	0,05423	0,05401
Moyenne.................		0,05412

Ce nombre diffère beaucoup de celui de M. Avogadro, qui a trouvé 0,089.

Iridium.

L'iridium m'a été prêté par M. de Meyendorff; il était sous forme de gros disques de *un* centimètre environ d'épaisseur. Le métal est certainement impur; sa densité a été trouvée de 13,176 au lieu de 15,683, qui est la densité qu'on lui assigne ordinairement. Il est certain, d'après cela, que la chaleur spécifique trouvée doit s'éloigner notablement de celle du métal pur. Mais comme il est bien difficile de se procurer l'iridium dans l'état de pureté, j'ai pensé qu'il serait utile de connaître la chaleur spécifique approchée, au moins pour les considérations chimiques.

Trois expériences m'ont donné :

M(A).......	547gr,85	547gr,85	547gr,85
T..........	98°,26	97°,94	98°,26
A..........	462gr,23	462gr,23	462gr,20
θ...........	17°,49	16°,85	18°,04
θ'..........	17°,09	16°,57	15°,89
Δθ.........	3°,745	3°,712	3°,670
t...........	2'30"	2'11"	2'24"
Chaleur spéc..	0,03715	0,03663	0,03672

Mercure.

Le mercure a été purifié par distillation; on l'a placé dans des tubes de verre.

M (B).........	480gr,01	480gr,01	558gr,58
Verre.........	19gr,38	19gr,38	16gr,03
T............	97°,79	97°,79	98°,98
A............	462gr,39	462gr,41	462gr,39
θ............	12°,85	11°,72	12°,40
θ'............	9°,59	10°,24	9°,45
$\Delta\theta$...........	3°,712	3°,812	4°,153
t............	2′30″	2′30″	3′
Chaleur spéc...	0,03318	0,03336	0,03343
Moyenne.......................			0,03332

Carbone.

Le carbone présente de grandes difficultés dans la détermination de sa chaleur spécifique. Il est extrêmement difficile d'obtenir ce corps pur quand on en a besoin d'une certaine quantité; de plus, il se présente toujours sous la forme de poudre très fine, et cet état est éminemment défavorable pour nos expériences. J'ai fait beaucoup d'expériences sur du carbone provenant de diverses origines; mais j'ai rarement réussi à me le procurer avec une petite quantité seulement de matières étrangères. Je me contenterai de donner ici une expérience faite sur du charbon de bois en poudre bien lavé à l'acide hydro-chlorique. J'ai réussi à lui donner un peu d'agrégation en pétrissant cette poudre avec une dissolution concentrée de sucre, et la soumettant ensuite à une nouvelle calcination. Le charbon est resté ainsi sous forme d'une masse poreuse, assez agrégée pour pouvoir se maintenir dans les corbeilles en fil de laiton; comme il est très léger, on a été obligé de lester la corbeille avec une quantité pesée de plomb que l'on a placée par-dessus les fragments de charbon :

M (F)	$37^{gr},88$
Plomb	$47^{gr},36$
T	$97^{o},79$
A	$462^{gr},23$
θ	$15^{o},61$
θ'	$14^{o},73$
$\Delta\theta$	$1^{o},972$
t	$4'$
Chaleur spécifique	0,24111

Cette chaleur spécifique ne peut pas être rigoureusement exacte, car le charbon laissait encore une quantité notable de cendre; mais elle doit s'éloigner peu de la vérité. Au reste, j'aurai bientôt l'occasion de revenir sur la chaleur spécifique du carbone, qu'il est très important d'étudier dans ses différents états.

Phosphore.

Le point de fusion extrêmement peu élevé du phosphore rend très difficile la détermination exacte de sa chaleur spécifique.

Dans les expériences que j'ai faites sur ce corps, j'ai coulé le phosphore fondu dans des tubes de verre qui ont été ensuite fermés à la lampe. Les tubes placés dans une corbeille, ont été chauffés à 30° environ dans une petite étuve, puis on a fait la détermination de la chaleur spécifique dans de l'essence de térébenthine.

Voici les données d'une expérience :

M(G)	71gr,31
Verre	28gr,40
T	30°,21
Es	369gr,51
θ	7°,15
θ'	6°,82
$\Delta\theta$	2°,763
t	9′
Chaleur spécifique	0,18949

Cette valeur n'est peut-être pas rigoureuse à cause des grandes difficultés de l'expérience. L'étuve dans laquelle la substance était chauffée, ne remplissait pas suffisamment la condition de donner une température maximum stationnaire. Quoi qu'il en soit, le nombre qui précède ne peut pas s'éloigner beaucoup de la vérité, et il était très important pour la théorie chimique d'avoir une valeur approchée de la chaleur spécifique du phosphore.

M. Avogadro a trouvé pour la chaleur spécifique du phosphore le nombre 0,385 qui est le double de celui trouvé dans mon expérience. Pour ne laisser aucun doute sur ce sujet, j'ai déterminé la chaleur spécifique du phosphore entre 0 et 100°, c'est-à-dire entre des limites de température qui comprennent l'état solide jusqu'à 35°, le passage de l'état solide à l'état liquide, enfin l'état fluide de 35 à 100°.

Deux expériences qui ont pu être faites par le procédé ordinaire, ont donné:

M (G)	71gr,31	59gr,09
Verre	28gr,40	23gr,50
T	98°,42	97°,85
A	462gr,46	462gr,45
θ	8°,64	10°,64
θ'	10°,04	9°,11
$\Delta\theta$	4°,727	3°,678
t	6′30″	6′
Chaleur spécifique	0,25250	0,25034

Ces chaleurs spécifiques doivent être beaucoup trop fortes, puisqu'elles se rapportent en grande partie au phosphore liquide, et qu'elles comprennent toute la chaleur latente de fusion, et néanmoins elles sont encore bien loin du nombre 0,385 donné par M. Avogadro; elles suffisent pour montrer que le nombre 0,1895 ne peut être beaucoup au-dessous de la véritable valeur.

Manganèse.

On ne connaît pas de moyen pour obtenir le manganèse métallique à l'état de pureté; la réduction de ce métal ne s'opère qu'en mélangeant l'oxide avec du charbon, et chauffant le mélange dans un creuset brasqué au plus violent feu que nous puissions produire dans nos fourneaux : on parvient ainsi à obtenir le métal sous forme de culots fondus, mais il est alors très carburé, et renferme même beaucoup plus de charbon que la fonte de fer produite dans les mêmes circonstances. Mon but en faisant des expériences sur le manganèse ne pouvait donc pas être d'obtenir la chaleur spécifique exacte du métal pur. J'ai cherché seulement à avoir une valeur approchée qui pouvait être utile pour les considérations chimiques.

M (A)...............	120gr,66	120gr,66
T..................	97°,48	97°,79
A..................	462gr,32	462gr,32
θ..................	14°,47	14°,20
θ'..................	12°,59	10°,19
$\Delta\theta$..................	3°,262	3°,304
t..................	2′ 15″	2′35″
Chaleur spécifique....	0,14243	0,14578
Moyenne..................		0,14410

Fer à différents degrés de carburation.

J'ai déterminé la capacité calorifique de plusieurs espèces de fers carburés, afin de voir comment elle variait par la combinaison d'un métal pur, avec des quantités de plus en plus grandes de carbone. Mes expériences ont été faites sur de l'acier, sur de la fonte à demi affinée ou fine-metal, et sur une fonte blanche de Bourgogne obtenue au charbon de bois.

Acier Haussmann.

Cet acier était sous la forme de petites tiges carrées. D'après les analyses de M. Berthier, il ne renferme que 1,33 de carbone.

M (F)	176gr,40	176gr,40
T	98°,42	99°,05
A	462gr,20	462gr,20
θ	17°,81	18°,05
θ'	17°,99	18°,13
$\Delta\theta$	3°,753	3°,737
t	1′30″	1′30″
Chaleur spécifique	0,11896	0,11789
Moyenne		0,11848

Fine-metal.

M (F)	201gr,89
T	98°,58
A	462gr,10
θ	19°,96
θ'	19°,64
$\Delta\theta$	4°,452
t	1′45″
Chaleur spécifique	0,12728

Fonte blanche.

M (F).............	$198^{gr},29$	$198^{gr},29$
T..................	$98^{o},58$	$98^{o},42$
A..................	$462^{gr},20$	$462^{gr},20$
θ..................	$19^{o},29$	$19^{o},22$
θ'..................	$17^{o},84$	$17^{o},39$
$\Delta\theta$..................	$4^{o},486$	$4^{o},461$
t..................	$1'30''$	$1'30''$
Chaleur spécifique....	0,12983	

Je réunirai dans un seul tableau les résultats que je viens de donner sur la chaleur spécifique des corps. Je le diviserai en plusieurs parties.

Dans la première partie, qui porte le titre de *Déterminations préliminaires*, j'ai placé la chaleur spécifique des substances qu'il était nécessaire de connaître pour faire le calcul des expériences.

La seconde partie comprend la chaleur spécifique des corps simples solides. J'ai distingué dans cette seconde partie trois subdivisions : A, B, C. La subdivision A comprend les corps simples qui ont pu être examinés dans un état de pureté parfaite, et dont la chaleur spécifique, par conséquent, doit être regardée comme exacte. La division B renferme les métaux qui n'ont pu être réduits que dans le creuset brasqué et qui sont un peu carburés. La chaleur spécifique de ces corps est trop forte ; mais il est facile de juger de quelle quantité les nombres doivent être diminués pour s'appliquer aux métaux purs, en les comparant aux résultats obstenus sur le fer, sur le nickel et sur le cobalt plus ou moins carburés, et qui sont inscrits également dans la division B. J'y ai joint, par appendice, la chaleur spécifique du carbone et celle du phosphore, que je ne regarde pas comme définitives et sur lesquelles je reviendrai aussitôt que je le pourrai.

Dans la troisième division C j'ai placé les corps simples que je n'ai réussi à obtenir que combinés avec une quantité notable de matières étrangères. Les chaleurs spécifiques obtenues sur ces substances ne peuvent être regardées que comme des approximations plus ou moins éloignées; elles peuvent être utiles pour la théorie chimique. Cette subdivision ne comprend que deux substances, le *manganèse* et l'*iridium*.

Enfin la troisième partie comprend les corps simples liquides; le mercure est la seule substance de cette catégorie dont la chaleur spécifique ait été déterminée. J'espère pouvoir bientôt y joindre le *brome,* quand je serai parvenu à me procurer ce corps à l'état de pureté.

Le tableau général se compose de plusieurs colonnes.

Dans la première se trouvent inscrites les chaleurs spécifiques obtenues dans chaque expérience.

La seconde renferme la moyenne des expériences partielles.

Dans la troisième colonne j'ai placé les nombres trouvés sur les mêmes substances par Dulong et Petit, ou par M. Avogadro.

La quatrième colonne renferme les poids atomiques adoptés par M. Berzélius.

Dans la cinquième se trouvent inscrits les poids atomiques adoptés dans ce Mémoire et qui ne sont pas toujours identiques avec ceux de M. Berzélius.

Enfin, dans la sixième colonne j'ai placé les produits de la chaleur spécifique moyenne de chaque substance par le poids atomique correspondant.

TABLEAU
DES
CHALEURS SPÉCIFIQUES.

NOMS DES SUBSTANCES.	CHALEURS spécifiques.	MOYENNE.	CHALEURS spécifiques trouvées par Dulong et Petit.	POIDS atomiques de M. Berzélius.	POIDS atomiques adoptés.	PRODUIT du poids atomique par la chaleur spécifique correspondante.
Ire PARTIE. — *Déterminations préliminaires.*						
LAITON	0,09404	»	»	»	»	»
	0,09378	0,09391	»	»	»	»
VERRE	0,19768	0,19768	»	»	»	»
EAU	1,00709	»	»	»	»	»
	1,00890	1,0080	»	»	»	»
ESSENCE de térébenthine	0,42988	»	»	»	»	»
	0,42667	»	»	»	»	»
	0,42089	»	»	»	»	»
	0,42745	»	»	»	»	»
	0,42476	0,42593	»	»	»	»
IIe PARTIE. — *Corps simples solides.*						
DIVISION A.						
FER	0,11362	»	»	»	»	»
	0,11373	»	»	»	»	»
	0,11322	»	»	»	»	»
	0,11284	»	»	»	»	»
	0,11397	0,11379	0,1100	339,21	339,21	38,597
ZINC	0,09589	»	»	»	»	»
	0,09528	»	»	»	»	»
	0,09548	0,09555	0,0927	403,23	403,23	38,526
CUIVRE	0,09537	»	»	»	»	»
	0,09546	»	»	»	»	»
	0,09497	»	»	»	»	»
	0,09480	0,09515	0,0949	395,70	395,70	37,849
CADMIUM	0,05695	»	»	»	»	»
	0,05673	»	»	»	»	»
	0,05639	0,05669	»	696,77	696,77	39,502

NOMS DES SUBSTANCES.	CHALEURS spécifiques.	MOYENNE.	CHALEURS spécifiques trouvées par Dulong et Petit.	POIDS atomiques de M. Berzélius.	POIDS atomiques adoptés.	PRODUIT du poids atomique par la chaleur spécifique correspondante.
	0,05739	»	»	»	»	»
	0,05691	»	»	»	»	»
Argent	0,05685	»	»	»	»	»
	0,05679	»	»	»	»	»
	0,05712	0,05701	0,0557	1351,61	675,80	38,527
	0,08163	»	»	»	»	»
	0,08205	»	»	»	»	»
Arsenic	0,08114	»	»	»	»	»
	0,08081	»	»	»	»	»
	0,08136	»	»	»	»	»
	0,08117	0,08140	0,081 Av.	470,04	470,04	38,261
	0,03134	»	»	»	»	»
	0,03177	»	»	»	»	»
	0,03109	»	»	»	»	»
Plomb	0,03137	»	»	»	»	»
	0,03145	»	»	»	»	»
	0,03129	»	»	»	»	»
	0,03150	»	»	»	»	»
	0,03133	0,03140	0,0293	1294,50	1294,50	40,647
	0,03082	»	»	»	»	»
	0,03089	»	»	»	»	»
Bismuth	0,03081	»	»	»	»	»
	0,03084	»	»	»	»	»
	0,03093	0,03084	0,0288	886,92	1330,37	45,034
	0,05113	»	»	»	»	»
	0,05037	»	»	»	»	»
Antimoine	0,05084	»	»	»	»	»
	0,05076	»	»	»	»	»
	0,05065	0,05077	0,0507	806,45	806,45	40,944
	0,05624	»	»	»	»	»
	0,05619	»	»	»	»	»
Étain des Indes..	0,05652	»	»	»	»	»
	0,05623	»	»	»	»	»
	0,05601	0,05623	0,0514	735,29	735,29	41,345
Étain anglais....	0,05685	»	»	»	»	»
	0,05705	»	»	»	»	»
Nickel (par l'oxa-	0,10873	»	»	»	»	»
	0,10838	»	»	»	»	»
late)..........	0,10878	0,10863	0,1035	369,68	369,68	40,160

NOMS DES SUBSTANCES.	CHALEURS spécifiques.	MOYENNE.	CHALEURS spécifiques trouvées par Dulong et Petit.	POIDS atomiques de M. Berzélius.	POIDS atomiques adoptés.	PRODUIT du poids atomique par la chaleur spécifique correspondante.
COBALT (par l'oxalate)...........	0,10685	»	»	»	»	»
	0,10707	»	»	»	»	»
	0,10629	»	»	»	»	»
	0,10784	0,10696	0,1498	368,99	368,99	39,468
PLATINE laminé...	0,03279	»	»	»	»	»
	0,03246	»	»	»	»	»
	0,03227	»	»	»	»	»
	0,03224	»	»	»	»	»
	0,03238	»	»	»	»	»
	0,03268	»	»	»	»	»
	0,03263	0,03243	0,0314	1233,50	1233,50	39,993
PLATINE en mousse.	0,03305	»	»	»	»	»
	0,03281	»	»	»	»	»
PALLADIUM	0,05974	»	»	»	»	»
	0,05893	»	»	»	»	»
	0,05916	0,05927	»	665,90	665,90	39,468
OR..............	0,03250	»		»	»	»
	0,03238	0,03244	0,0298	1243,01	1243,01	40,328
SOUFRE..........	0,20446	»	»	»	»	»
	0,20179	»	»	»	»	»
	0,20153	0,20259	0,1880	201,17	201,17	40,754
SÉLÉNIUM........	0,08349	»	»	»	»	»
	0,08396	»	»	»	»	»
	0,08368	0,0837	»	494,58	494,58	41,403
TELLURE.........	0,05046	»	»	»	»	»
	0,05194	»	»	»	»	»
	0,05177	»	»	»	»	»
	0,05205	0,05155	0,0912	801,76	801,76	41,549
IODE............	0,05423	»	»	»	»	»
	0,05401	0,05412	0,089 Av.	789,75	789,75	42,703
			DIVISION B.			
URANE	0,06239	»	»	»	»	»
	0,06191	»	»	»	»	»
	0,06140	0,06190	»	2711,36	677,84	41,960
TUNGSTÈNE	0,03685	»	»	»	»	»
	0,03616	»	»	»	»	»
	0,03606	0,03636	»	1183,00	1183,00	43,002

NOMS DES SUBSTANCES.	CHALEURS spécifiques.	MOYENNE.	CHALEURS spécifiques trouvées par Dulong et Petit.	POIDS atomiques de M. Berzélius.	POIDS atomiques adoptés.	PRODUIT du poids atomique par la chaleur spécifique correspondante.
Molybdène......	0,07254	»	»	»	»	»
	0,07182	0,07218	»	598,52	598,52	43,163
Nickel carb. non fondu.........	0,11136	»	»	»	»	»
	0,11207	»	»	»	»	»
	0,11232	0,11192	»	»	369,68	41,376
Nickel plus carburé, fondu dans la brasque.....	0,11676	»	»	»	»	»
	0,11586	0,11631	»	»	369,68	42,999
Cobalt plus carb., fondu dans la brasque.......	0,11619	»	»	»	»	»
	0,11782	»	»	»	»	»
	0,11734	0,11712	»	»	368,99	43,217
Acier Haussmann.	0,11789	»	»	»	»	»
	0,11896	0,11848	»	»	339,21	40,172
Fine-metal......	0,12728	0,12728	»	»	339,21	»
Fonte de fer blanche de Bourgog.	0,12983	»	»	»	339,21	44,038
Charbon.........	0,24111	0,24111	0,25 Av.	76,44	152,88	36,873
Phosphore de 10 à 30°..........	0,1895	»	»	»	»	»
	0,1878	0,1887	0,385 Av.	196,14	196,14	37,024
Phosphore de 0° à 100°, avec chal. de fusion comp.	0,25250	»	»	»	»	»
	0,25034	»	»	»	»	»
Division C.						
Iridium impur....	0,03715	»	»	»	»	»
	0,03663	»	»	»	»	»
	0,03672	0,3683	»	1233,50	1233,50	45,428
Manganèse très carburé..........	0,14244	»	»	»	»	»
	0,14578	0,14411	»	345,89	345,89	49,848
IIIe PARTIE. — *Substance simple liquide.*						
Mercure........	0,03318	»	»	»	»	»
	0,03361	»	»	»	»	»
	0,03343	0,03332	0,0330	1265,22	1265,82	42,149

Si l'on compare les nombres trouvés par Dulong et Petit avec ceux que j'ai obtenus sur les mêmes substances, on voit que les miens sont généralement un peu plus forts. Les différences tiennent probablement à la manière d'opérer. Dans leurs expériences par la méthode des mélanges, Dulong et Petit échauffaient leurs substances en les tenant plongées dans de l'eau en ébullition, puis ils les transportaient dans l'eau du vase réfrigérant. Or, pendant ce trajet dans l'air, il doit y avoir une perte de chaleur fort notable par l'évaporation de l'eau qui mouille la surface du corps.

La vérification directe à laquelle j'ai eu soin de soumettre ma manière d'opérer en prenant la chaleur spécifique de l'eau, montre suffisamment que mes nombres ne peuvent comporter que de très faibles incertitudes.

On remarque des différences beaucoup plus grandes entre mes résultats et ceux de Dulong et Petit pour le cobalt et pour le tellure. La chaleur spécifique du cobalt est la même que celle du nickel, ce qui fait disparaître une des principales anomalies dans la loi de Dulong et Petit. La chaleur spécifique du tellure n'est guère que la moitié de celle qui a été donnée par ces physiciens. Je n'hésite pas à attribuer ces divergences aux incertitudes de la méthode du refroidissement, comme j'ai déjà cherché à le faire voir plus haut.

Voyons maintenant si les valeurs que j'ai obtenues pour la chaleur spécifique des corps simples confirment la loi des atomes.

Il faut pour cela que les nombres inscrits dans la dernière colonne du tableau, et qui représentent les produits des chaleurs spécifiques par les poids atomiques correspondants, restent constants.

5

Or on voit que ces nombres varient de 38 à 42 (1), c'est-à-dire de quantités beaucoup plus grandes que celles qui peuvent résulter des erreurs d'observation. La loi des atomes ne se vérifie donc pas d'une manière absolue ; mais si l'on fait attention que les poids atomiques des substances simples inscrites dans le tableau varient de 200 à 1400, tandis que les produits des poids atomiques par les chaleurs spécifiques restent compris entre 38 et 42, on sera convaincu que la loi de Dulong et Petit doit être adoptée, sinon comme absolue, au moins comme très approchée de la vérité.

Cette loi représenterait probablement les résultats de l'expérience d'une manière tout-à-fait rigoureuse, si l'on pouvait prendre la chaleur spécifique de chaque corps à un point déterminé de son échelle thermométrique, et si l'on pouvait débarrasser sa chaleur spécifique de toutes les causes étrangères qui la modifient dans l'observation. Ces causes peuvent être de différentes natures :

Les corps qui passent par l'état de mollesse avant de se fondre complétement, renferment probablement déjà, avant leur liquéfaction, une portion de leur chaleur de fusion qui s'ajoute dans l'expérience à la chaleur spécifique. D'un autre côté, la capacité calorifique des corps, telle que nous la déterminons par l'expérience, s'obtient d'après l'observation de la quantité de chaleur que le corps a dû absorber pour produire son élévation thermométrique ; or c'est là, à proprement parler, sa *chaleur spécifique*, plus de la quantité de chaleur qu'il a dû prendre pour produire sa dilatation. Cette dernière quantité de

(1) On ne doit évidemment comprendre dans cette comparaison que les corps simples de la division A du tableau.

chaleur, que l'on pourrait appeler *chaleur latente de dilatation*, s'ajoute dans l'expérience à la chaleur spécifique; elle est très grande dans les corps gazeux, beaucoup plus faible dans les corps solides et liquides; mais dans aucun cas elle n'est négligeable, et elle doit faire varier nécessairement, d'une manière sensible, la chaleur spécifique observée.

Toutes ces causes d'erreur sont encore compliquées par le choix arbitraire de l'origine à partir de laquelle on compte, pour chaque corps, les élévations thermométriques, choix qui n'est déterminé par aucune propriété physique, telle que le point de fusion ou d'ébullition de la substance, mais se trouve le même pour des corps de nature complétement différente.

L'augmentation de la chaleur spécifique avec la température suffirait seule pour démontrer la nécessité de choisir pour chaque substance un point de départ en rapport avec un de ses caractères spécifiques; puisqu'il n'y a aucune raison pour que cette augmentation, qui probablement est soumise à une certaine loi, mette en évidence cette loi; quand on l'estime pour chaque corps, à partir d'une valeur numérique qui certainement n'occupe pas pour tous, la même position sur la courbe qui exprime cette loi en fonction de la température.

Au reste, je me suis assuré que le calorique spécifique d'une même substance peut varier d'une manière sensible quand la densité du corps subit une variation du même ordre; ainsi, par exemple, *le cuivre*, dont la densité augmente notablement par l'écrouissage, subit une diminution très marquée dans sa chaleur spécifique : celle-ci reprend sa valeur primitive dans le métal recuit.

Un cuivre rouge bien malléable a donné pour sa chaleur spécifique, dans deux expériences, les nombres 0,09501 et 0,09455.

Ce cuivre ayant été battu à froid à grands coups de marteau, a donné ensuite pour sa chaleur spécifique, dans deux expériences, 0,09360 et 0,09332.

Ces nombres sont très notablement plus faibles que les précédents.

Le même cuivre ayant été recuit à une bonne chaleur rouge, on a trouvé pour sa chaleur spécifique 0,09493 et 0,09479, c'est-à-dire la valeur primitive.

Le plomb et l'étain, frappés au balancier, n'ont pas éprouvé de variation dans leur densité ni dans leur chaleur spécifique.

J'ai commencé une série d'expériences analogues sur les substances qui peuvent présenter à la même température des densités sensiblement différentes, comme, par exemple, le verre trempé et le verre bien recuit. Ces expériences trouveront naturellement leur place dans le chapitre où je me propose de traiter des corps dimorphes. On sait que dans ces derniers la densité varie souvent d'une manière notable. Le peu que je viens de dire ici sur la variation que la chaleur spécifique d'un métal peut subir par l'écrouissage, suffit pour montrer la nécessité de faire les expériences sur des substances dans lesquelles les molécules ont bien pris leurs positions naturelles, par exemple dans les matières qui, après fusion, se sont refroidies lentement. Or ces conditions ne peuvent pas toujours être remplies dans la pratique.

On voit, d'après cela, que chercher la loi qui lie les chaleurs spécifiques (y) des corps avec leurs poids atomiques (x) consiste à déterminer la forme d'une fonction F (x, y, u, v, etc., etc.) qui renferme en même temps d'autres variables, quand on connaît seulement une série de valeurs numériques de y et les valeurs de x correspondantes. La forme de la fonction se manifesterait d'une manière absolue si, en faisant varier x, u et v ne variaient pas en même temps que y; mais comme cette variation simultanée a toujours lieu, et que jusqu'à présent on n'a pas de moyen d'apprécier son influence, qui heureusement est assez faible dans la capacité calorifique des corps solides et liquides, la forme de la fonction ne se manifestera que d'une manière approchée entre les valeurs numériques de y et celles de x. Telle est probablement la véritable raison qui empêche la loi de Dulong et Petit de ressortir rigoureusement des nombres fournis par l'expérience.

Je n'ai pas toujours adopté dans ce Mémoire les poids atomiques tels qu'ils sont admis par M. Berzélius. Ainsi, en me bornant pour le moment à la division A du tableau, qui est la seule propre à faire ressortir la loi de la chaleur spécifique des atomes, on voit que le poids atomique de l'argent est la moitié seulement du poids atomique adopté par M. Berzélius, et que celui du bismuth est 1330 au lieu de 887.

Le poids atomique 1351, admis par M. Berzélius pour l'argent, suppose que l'oxide d'argent est RO, qu'il correspond au protoxide de plomb, à l'oxide noir de cuivre. Or les minéralogistes savent tous très bien maintenant, d'après les belles observations de MM. Gustave et Henri Rose, que le sulfure d'argent doit être regardé comme isomorphe avec le protosulfure de cuivre $Cu^2 S$, et qu'il peut le remplacer en toutes proportions dans les fahlerz et dans les bournonites. Le protoxide d'argent correspondrait, d'après cela, au protoxide de cuivre, au protoxide de mercure, et le poids atomique généralement adopté pour l'argent devra être divisé par 2.

M. Berzélius a admis pendant longtemps, avec les autres chimistes, le nombre 1330 pour le poids atomique du bismuth, ce qui donnait au protoxide de ce métal la formule $Bi^2 O^3$ et le plaçait à côté du peroxide d'antimoine; mais, depuis la découverte du protoxide de bismuth par Strömeyer, il a cru nécessaire de changer le poids atomique adopté jusqu'ici et de le remplacer par le nombre 887, parce que l'analyse faite par ce chimiste du peroxide de bismuth ne donnait pas de rapport simple avec le poids atomique ancien, tandis qu'avec le nouveau poids atomique on avait la série $Bi O$ et $Bi O \frac{3}{2}$. Le protoxide de bismuth correspondrait d'après cela au protoxide de plomb; mais cette supposition répugne à toutes les analogies. Le sulfure de bismuth est loin d'être isomorphe avec le sulfure de plomb; il présente, au contraire, d'après M. Phillipps, une forme cristalline semblable à celle du sulfure d'antimoine. Les expériences de M. Jacquelin sur quelques combinaisons du bismuth rendent extrêmement probable l'identité de composition de l'oxide puce de Strömeyer avec l'acide antimonieux, et l'isomorphisme du chlorure de bismuth avec le protochlorure d'antimoine. Je ne crois pas qu'il puisse rester de doute après cela sur la nécessité de revenir à l'ancien poids atomique du bismuth.

La loi de la chaleur spécifique des atomes étant bien établie, donnerait un caractère décisif pour fixer la valeur des poids atomiques des substances simples dont les caractères chimiques ne sont pas assez tranchés ou pas assez complétement connus, pour pouvoir fixer le choix des chimistes entre plusieurs nombres également probables. Si nous appliquons cette loi aux substances renfermées dans la division B du tableau, nous trouvons deux corps simples pour lesquels il faudrait changer les poids atomiques actuellement admis : ce sont l'urane et le carbone.

Le poids atomique de l'urane adopté jusqu'ici est 2711. Ce poids atomique est énorme ; il est deux fois plus grand que les poids atomiques les plus élevés des autres substances simples. D'après la chaleur spécifique de ce corps, on doit réduire le poids atomique de ce métal à 677,84, c'est-à-dire au quart; l'oxide d'urane considéré jusqu'ici comme le protoxide devient U^4O. Malheureusement les combinaisons de l'urane nous sont si imparfaitement connues jusqu'ici, qu'il est impossible de se servir de considérations chimiques pour établir le poids atomique de ce corps. J'ai entrepris quelques expériences pour remplir cette lacune.

Le poids atomique du carbone admis par M. Berzélius devrait être doublé; ce qui donnerait, pour les combinaisons de ce corps avec l'oxigène, les formules suivantes :

Oxide de carbone............ CO^2,
Acide oxalique.............. CO^3,
Acide carbonique............ CO^4.

Les carbonates neutres deviennent ainsi des sous-carbonates, et les bicarbonates des carbonates neutres.

Je ne développerai pas ici toutes les considérations chimiques sur lesquelles on peut s'appuyer pour faire prévaloir ce poids atomique du carbone; je les réserve pour un prochain travail, dans lequel j'examinerai la chaleur spécifique des composés organiques; je me bornerai à remarquer que ce nouveau poids atomique expliquerait un fait observé par tous les chimistes, et qui consiste en ce que, dans toutes les substances organiques sur l'équivalent desquelles il ne reste pas d'incertitude, on peut diviser par 2 le nombre des atomes du *carbone*. Je ne connais d'exception à ce fait général que celle que présentent quelques acides organiques, tels que l'acide gallique, l'acide pyro-citrique et l'acide pyro-tartrique. Or M. Liebig a montré dernièrement que plusieurs de ces acides devaient être considérés comme des acides bibasiques et que leur formule doit être doublée, ce qui rend encore le nombre des atomes du carbone divisible par 2.

Les chaleurs spécifiques du bore et du silicium seraient des données très précieuses pour fixer les poids atomiques de ces corps, qui n'ont pu être établis jusqu'ici que par des considérations bien vagues et par des analogies plus ou moins éloignées. Je n'ai pu jusqu'à présent me procurer qu'une fort petite quantité de ces matières; cependant j'ai fait quelques expériences pour déterminer leur capacité calorifique par la méthode du refroidissement; j'espère pouvoir les donner bientôt avec les chaleurs spécifiques de quelques métaux dont j'ai pu me procurer également une petite quantité : je veux parler du chrôme, du titane et du rhodium.

J'annoncerai également à l'Académie que j'ai déterminé la chaleur spécifique d'un grand nombre de corps composés. Mes expériences s'étendent déjà à une centaine de ces substances, mais elles ne sont pas encore assez complètes pour mériter de lui être soumises; je me contenterai de déposer sur le bureau mes cahiers d'observations, en priant l'Académie de vouloir bien constater le point où je suis arrivé dans ces recherches.

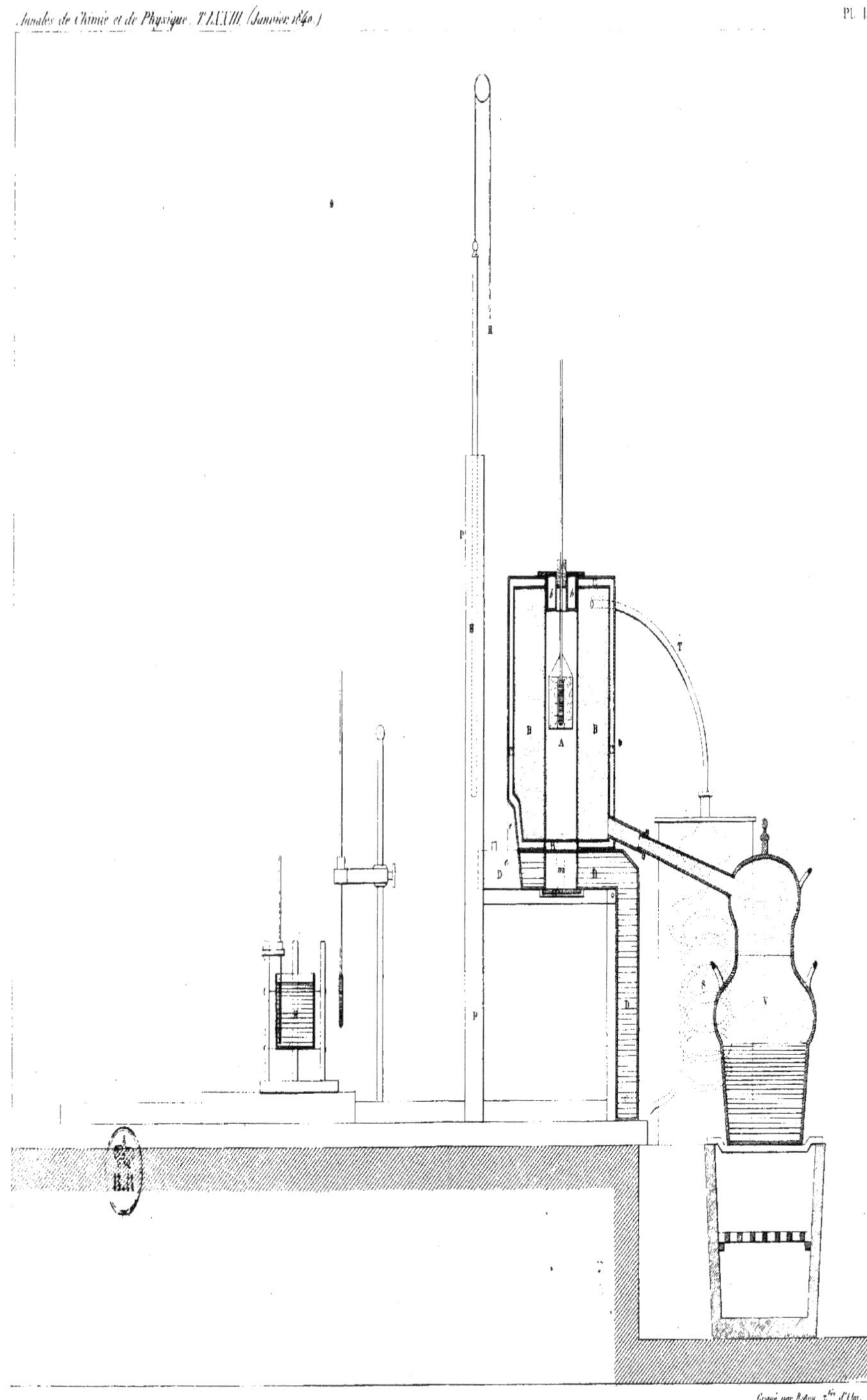

Gravé par Adam, 7 R. d'Ulm.

www.ingramcontent.com/pod-product-compliance
Ingram Content Group UK Ltd.
Pitfield, Milton Keynes, MK11 3LW, UK
UKHW020356180726
13839UKWH00003B/1148